快速省時又美味
「微波1人餐100道」

新谷友里江

Introduction

我家是一個由小學生女兒、幼稚園的兒子、丈夫和我組成的四口之家。
孩子們每天都在學習中忙碌，丈夫也經常很晚才下班回家，
因此用餐時間經常會亂掉。
有時在出門上學前、有時在深夜回家感到餓的時候，
還有寒暑假的午餐和孩子們的便當等等，一邊工作一邊育兒的狀況下，
要準備簡單又美味、營養均衡的餐食真的非常困難，
我一直想著能不能更輕鬆地做出，每天都需要的三餐。

在這種時候，以保存容器微波加熱飯菜就非常方便。
只需在有空的時候把飯、麵條、肉、蔬菜、調味料等放進保鮮盒裡，
冷凍即可。它可以在冷凍庫保存大約一個月，所以即使在週末多做一些，
也可以分開冷凍，或在家務之餘利用零散時間做一些。
因為風味可以在冷凍的過程中滲入食材內，所以只需在微波爐中加熱，
就能享受到現做、熱騰騰的美味飯菜。

由於只需要使用微波爐，所以它非常適合孩子自己在家吃飯，
也很適合不擅長做飯或擔心孩子用火的家庭。此外，
它不需要使用拋棄式的保鮮膜或夾鍊袋，並且容器也可以直接當作餐具使用，
可以大幅度減少洗碗的次數，如果有剩餘，還可以直接冷藏保存，
真是一件很方便的事情。

除了米飯和麵條類之外，這本書還收錄了100種食譜，包括主菜、配菜和湯。
雖然每天也許可以在忙碌中努力做出主菜，但可能沒有時間做配菜，
因此可以把配菜先冷凍起來備用。還可以準備湯品，
讓晚歸的丈夫可以吃得健康。
請依照自己或家人的生活方式，嘗試將喜歡的食物冷凍起來。
相信您會對「常備微波1人餐」的簡便和美味感到驚訝。
希望這本書能成為許多努力做飯讀者們的助力。

新谷友里江

常備微波1人餐的做法①

利用食物保鮮盒迅速製作！

製作常備微波1人餐的方式－在可兼用冷凍保存和微波爐加熱的食物保鮮盒中，放入切好的材料和調味料，然後冷凍即可。之後只要想吃時取出，以微波爐加熱，就可以立即上桌。本書以右頁的「Ziploc保鮮盒」2個尺寸來示範，您也可以選擇功能相同的其他食物保鮮盒。冷凍保存期限約為1個月。

切好放入

將切好的食材和調味料放入容器中。如果飯是熱的，調味料會更均勻地混合。如果要放生肉，請等待它稍微冷卻。

冷凍

蓋好盒蓋，放入冷凍室冷凍保存。大約可以保存1個月，所以有空的時候，可以製作一些常備，在需要獨自用餐或是煮婦（夫）暫時不在家的時候，就非常方便。

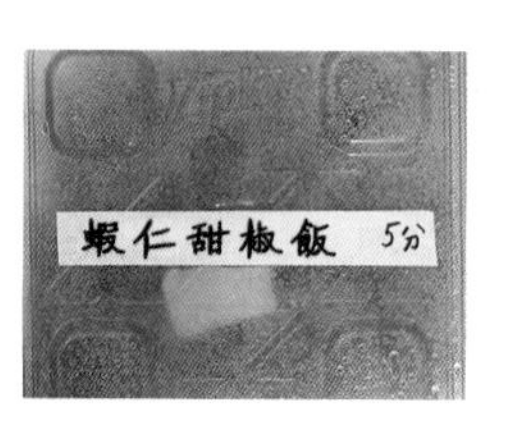

貼上標籤，就可以一目瞭然地知道容器內裝的是什麼了。

可以在膠帶上寫菜名和加熱時間，貼在保存盒的蓋子上，這樣就可以方便的知道容器內的內容和需要加熱的時間。

小保存盒
（700㎖・156×156×53mm）

大保存盒
（1100㎖・156×156×83mm）

想吃的時候 只要叮一下！

取出準備好的保存盒，把蓋子打開斜放在容器上，放進微波爐裡加熱即可。不需要用火，也不需要平底鍋或鍋子，當然也可以直接在容器裡享用！

實在太便利了！

- **不用開火**
- **可長時間保存（在冷凍室中保存1個月）**
- **可以直接在容器中享用**

加熱時
一定要將蓋子斜放！

以微波爐加熱時，一定要將蓋子稍微錯開一點斜放。加熱後，容器會變得很熱，要注意防止燙傷，最好戴手套等保護措施。

＊由於食材的重量不同，加熱時間也會有所變化，建議使用秤來量材料。

＊請注意快煮麵條因為麵條會吸收太多水分，因此不適合使用冷凍保存的配方。

常備微波1人餐的做法②

利用冷凍用夾鏈袋 迅速製作！

1 切好放入

材料的放置順序和裝在食物保存盒裡的方法相同。炒麵或炒烏龍麵必須將麵條放在最上層，以避免材料黏在麵條上。盡可能地使麵條散開，這樣可以更快且更均匀地烹調。

2 冷凍

將袋口緊密貼合，並且壓扁壓平後，放入冷凍庫中保存。保存期限大約為1個月。由於體積小巧不佔空間，因此可以多準備一些備用。

用食物保鮮盒的優點是：冷凍保存可保鮮，但也可能會因為佔用較多的冷凍空間而造成困擾。這時，您可以使用專門用於冷凍的夾鍊式保鮮袋（冷凍袋），以同樣的方法準備。材料加入的順序和加熱時間，與使用保鮮盒時相同。但不能使用夾鍊式保鮮袋進行微波加熱，所以需要將內容物移至耐熱、且可以微波烹調的餐盤中進行加熱。建議使用的夾鍊式保鮮袋尺寸如右圖所示。冷凍保存的期限約為1個月。

夾鏈袋式的保存袋 M
（177×189mm）

3

移至耐熱容器中微波！

取出後，將食物移至耐熱且可微波的盤中，用保鮮膜蓋好，然後放入微波爐中加熱。加熱時間與使用保鮮盒時相同。

實在太便利了！

- 不用開火
- 可長時間保存（在冷凍室中保存1個月）
- 不佔用冷凍庫空間！

食材從袋中取出前以流水解凍

將食材從夾鍊式保鮮袋中取出時，可先放在流水下輕輕解凍，這樣表面就會很容易滑開。尤其是肉類，因為很容易結成一整塊，所以要充分沖水。

即使冷藏保存也可以！

當天或隔天食用的話，建議使用冷藏保存即可。蔬菜等食材會更加爽脆可口。製作方式與冷凍保存相同，微波爐的加熱時間比冷凍時間短1分鐘。

只有義大利麵需要在加熱前倒入水（番茄類醬汁則是加入罐裝番茄），加熱時間與冷凍保存相同。建議使用右側 Ziploc保鮮盒的2種尺寸。

1 切好放入

作法與冷凍保存的方法相同，只需把切好的食材和調味料放入容器中即可。至於義大利麵，則是先將放入的麵條和油攪拌均勻，再加入配料。

2 冷凍

蓋子蓋好後，放進冷藏室保存。適合用來備份今天或明天的便當，或是需要多加一道菜的時候，也可以是孩子獨自在家吃飯的時候…等。

小保存盒

（700㎖・156×156×53mm）

大保存盒

（1100㎖・156×156×83mm）

義大利麵加熱前
先倒入水！

冷藏時如果先加水，義大利麵會變軟，所以水（和番茄罐頭）的份量要在加熱前才加入。

當天或隔天微波！

取出後，把蓋子斜放在保存盒上，再用微波加熱。加熱時間比冷凍短1分鐘。但若是義大利麵，加熱前要先倒入水（番茄類醬汁則是加入罐裝番茄），加熱時間與冷凍的相同（番茄類醬汁也是7分鐘＋3分鐘）。

實在太便利了！

- **不用開火**
- **可以直接在容器中享用**
- **加熱時間稍微短一些！**

＊快煮義大利麵也可以（煮3分鐘的，加熱時間為5分鐘＋2分鐘）

＊若使用短義大利麵（如筆管麵／煮12分鐘的），需增加 1/4 杯的水，加熱時間為7分鐘＋5分鐘

＊烏龍麵可以使用煮好的或冷凍的皆 OK

CONTENTS

本書使用的規則：

- 1大匙為15ml，1小匙為5ml，1杯為200ml。「1撮」是指用拇指、食指和中指輕輕捏住的量。
- 鹽使用未經精製的鹽，橄欖油使用「Extra Virgin Olive Oil」。
- 微波爐加熱時間是以600W為基準。對於500W的情況，請使用1.2倍的時間作為參考。不同機型可能會有差異。
- 由於微波爐的加熱時間會因重量而變化，建議使用公克數進行量測。加熱後會很燙，請小心。

嘗試
做做看吧！

基本的常備微波1人餐①

火腿青椒炒飯

這是一道以芝麻油和醬油調味，簡單而香脆的炒飯。
為了使醬油的味道和顏色更加均勻，請先和飯均勻地混合，然後在加熱後一邊用叉子分散米飯一邊攪拌。蔬菜部分，您可以使用蘆筍、甜椒等替換。

●**材料（1人份）**

火腿（切1cm片）… 2片（30g）

青椒（切1cm片）… 1個（30g）

青蔥（切小段）… 6cm（20g）

溫熱的米飯 … 1碗（150g）

A | 醬油、麻油 … 各1小匙
  | 鹽 … 1撮

將米飯和材料混合均勻

米飯以熱的狀態混合調味料，可以讓調味料均勻混合。之後如果要放生肉的話，請等待熱度散去之後再放置。

1 切好放入

把米飯和 **A** 放入容器中，混合均勻，然後放入火腿片、青椒和蔥段。

2 冷凍

蓋上蓋子，放入冷凍室保存。

3 以微波爐加熱

取出保鮮盒，將蓋子斜放，放入微波爐中加熱4分鐘，拌勻所有食材。

＊如果使用一大碗飯（200g）：請將配料和材料增加1.3倍，加熱時間增加1分鐘並自行調整。

基本的常備微波1人餐②

豬肉丼

這是一道使用方便的日式柴魚風味醬油煮豬肉的豬肉丼食譜。先把調味料與豬肉混合，可以讓調味料更好地滲入豬肉中，味道更加鮮美。盡量將肉攤平放入容器，煮熟後再用叉子將肉分散拌開。選擇有肥肉的部位更好，豬五花肉或豬肩肉都可以。

容器 700mℓ　加熱 6分

●**材料(1人份)**

豬肉片(切5cm寬)… 100g

洋蔥(切5mm寬)… ½個(100g)

A | 日式柴魚風味醬油(3倍濃縮)… 2大匙
 | 砂糖 … ½小匙

米飯 … 適量

肉要分散鋪平
以便更均勻地加熱

因為肉在微波加熱後容易變硬，所以把肉拌入調味料後，薄薄地攤開是訣竅。

切好放入

將材料A倒入容器中混合均勻，加入豬肉片輕輕拌勻並攤開，然後放上洋蔥。

2 冷凍

蓋上蓋子，放入冷凍室保存。

以微波爐加熱

想吃的時候，掀開蓋子，斜放在容器上，以微波爐加熱6分鐘，同時攪拌肉片直到全部混合均勻，再倒在飯上即可。

高麗菜魩仔魚義大利麵

將麵條用Ｘ的形狀放入，均匀沾裹上油，微波7分鐘後攪拌一次，
不要攪拌過度以免產生黏性。
加入魩仔魚、高麗菜的豐富甜味！也可以使用培根製作。

容器 1100㎖　加熱 7分＋3分

●**材料（1人份）**

A
- 高麗菜（切3–4cm的片狀）⋯ 2片（100g）
- 魩仔魚 ⋯ 3大匙（20g）
- 大蒜（切碎）⋯ 1瓣
- 紅辣椒（切圈）⋯ ½根

義大利直麵（1.6mm）⋯ 80g

B
- 鹽 ⋯ ⅓小匙
- 橄欖油 ⋯ 2小匙
- 胡椒粉 ⋯ 適量
- 水 ⋯ 1杯

麵條必須呈
X的形狀放入

將麵條對摺一半，分兩次交叉放入，不要集中放在同一個位置，這樣麵條比較不容易黏在一起。

1 切好放入

將**B**放入容器中混合，將義大利麵對折，以X的形狀分兩次放入容器中，好讓它不易黏在一起。將油均勻地淋在麵條上，放上**A**的材料。

2 冷凍

蓋上蓋子，放入冷凍室保存。

3 以微波爐加熱

取出後，將蓋子斜放在容器上，放入微波爐加熱7分鐘，翻拌麵條至鬆散狀，然後再加熱3分鐘，快速攪拌混合。

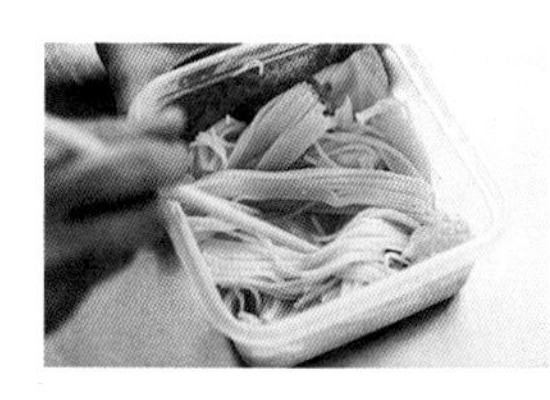

在加熱7分鐘後
將麵條翻拌呈鬆散狀

因為底部的麵條比較容易固結黏在一起，翻拌麵條充分拌勻。

基本的常備微波1人餐④

蠔油肉絲炒麵

在保鮮盒裡先放入肉和調味料攪拌均勻，接著將麵條放在最上面，
加熱完畢後請攪拌麵條並翻鬆，這是美味製作的關鍵。
您也可以加入與豆芽同等份量的蘑菇、胡蘿蔔、少量大蒜等。

容器 1100ml　加熱 7分

●材料（1人份）

豬肉絲（切5cm寬）… 100g
高麗菜（切3-4cm片狀）… 1片（50g）
豆芽 … ½袋（100g）
中式麵條 … 1份（150g）
蠔油 … 1又½大匙

 切好放入

將豬肉絲和蠔油放入容器中，快速攪拌均勻，然後攤平，接著按照順序放上高麗菜、豆芽和麵條。

2 冷凍

蓋上蓋子，放入冷凍室保存。

 以微波爐加熱

取出容器，斜放蓋子，放入微波爐加熱7分鐘，同時混拌整體麵條。

用筷子把麵條翻鬆攪拌均勻

加熱後，先用筷子弄開最上面的麵條，然後把肉絲也鬆開攪拌均勻。

基本的常備微波1人餐⑤

照燒雞肉

人氣的甜鹹照燒雞肉也可以在保鮮盒中輕鬆製作！
將調味料和太白粉混合塗抹在雞肉上，加熱後用力攪拌，
可以讓醬汁更加濃稠。趁熱享用剛做好的美味吧！

容器 700㎖　加熱 6分

●材料(1人份)

雞腿肉(帶皮、縱切後再橫切對半)… ½片(150g)

A | 砂糖 … ½大匙
　| 太白粉 … ½小匙
　| 酒、醬油 … 各2小匙

切好放入

在容器中放入A並攪拌,加入雞肉輕輕地拌勻,將皮朝下攤平放好。

＊將皮朝下可以使雞腿肉軟嫩

冷凍

蓋上蓋子,放入冷凍室保存。

以微波爐加熱

掀開蓋子,斜放在容器上,用微波爐加熱6分鐘,攪拌至有濃稠感。配上生菜葉、小番茄(材料表外)即可。

攪拌至有濃稠感是訣竅

加熱後的醬汁仍然很液態,但是趁熱攪拌均勻,就會變得很濃稠。

飯類

豬肉玉米蠔油炒飯

蠔油的鮮和玉米的甜，結合成令人上癮的美味。
里脊肉盡可能攤平放，加熱後易於分散。
如果沒有玉米，可以使用等量的胡蘿蔔、蘆筍或青椒取代。

容器 700ml　加熱 7分

●材料（1人份）

豬里脊肉（切3cm長）… 100g

罐裝玉米粒（瀝乾水分）… ½小罐（約30g）

米飯 … 1碗（150g）

A | 蠔油 … 2小匙
　 | 麻油 … 1小匙

將飯、材料**A**一起放入容器中均勻混合，再將豬肉（攤平）、玉米粒放在飯上。

2 冷凍

蓋上蓋子，放入冷凍室保存。

3 以微波爐加熱

想吃的時候取出，並將蓋子斜放，放入微波爐中加熱7分鐘，一邊撥散肉片，一邊攪拌整體混合均勻。

火腿青椒咖哩飯

辛辣的咖哩口味，讓大人和孩子都滿足的香料飯。
為了避免咖哩粉結塊，請均勻地與米飯混合。
也可以用培根、切碎的雞胸肉或去殼的蝦來製作。

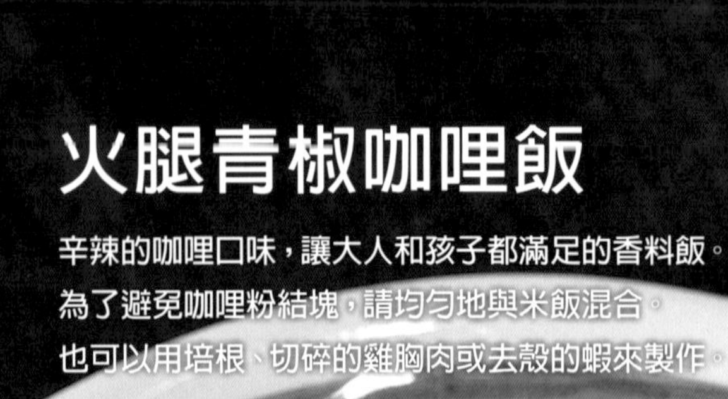

容器 700ml

加熱 5分

●材料（1人份）

香腸（切1cm段）… 2根（40g）
青椒（切5mm絲）… 1個（30g）
米飯 … 1碗（150g）

A
- 鹽 … ¼小匙
- 咖哩粉 … ½小匙
- 胡椒 … 少許

將米飯和**A**放入容器中均勻混合，加入香腸和青椒。

2 冷凍

蓋上蓋子，放入冷凍室保存。

3 以微波爐加熱

取出將蓋子斜放在容器上，放入微波爐中加熱5分鐘，一邊用湯匙攪拌米飯，直到全部混合均勻為止。

豬肉泡菜炒飯

這是一道豬肉和泡菜的炒飯，加入了芝麻油的香氣，喜愛重口味的朋友不能錯過。建議將泡菜切成較大的塊狀，以增強它的存在感和美味度。

●材料（1人份）

豬肉片（切3cm長）… 100g
白菜泡菜（切塊狀）… 60g
大蔥（切6cm絲）… 20g
米飯 … 1碗（150g）
A ｜醬油、芝麻油 … 各1小匙

在容器中放入米飯和 **A**，均勻混合，
再放上豬肉（攤平）、泡菜和蔥絲，
蓋上蓋子，放入冷凍室保存。

取出後，將蓋子斜放在容器上，
放入微波爐加熱7分鐘，
同時撥散肉片並混合均勻。

雞肉蘆筍炒飯

以雞高湯增添鮮美的鹽味炒飯。豬肉、蝦、鮭魚塊、
鮭魚片可替換雞腿肉；蔬菜像是青椒和綠花椰，也是不錯的選擇。

●材料（1人份）

雞腿肉（帶皮，切2cm塊狀）
　…$\frac{1}{3}$片（100g）
青蘆筍（去皮，切2cm段）
　…3根（60g）
米飯…1碗（150g）

A	
	鹽…$\frac{1}{4}$小匙
	雞高湯粉…$\frac{1}{2}$小匙
	麻油…1小匙

將米飯和材料**A**放入容器中，混合均勻。
將雞肉和蘆筍放在上面，蓋上蓋子並冷凍。

掀開蓋子，斜放在容器上，放入微波爐加熱7分鐘，邊翻鬆米飯，邊攪拌均勻。

肉鬆芹菜榨菜炒飯

豬絞肉的豐富口感，加上芹菜清爽的香氣。
在榨菜的提味下，味道更加濃郁！

●材料（1人份）

A | 豬絞肉 … 100g
芹菜（切1cm段，葉子切小塊）
… ½根（50g）
榨菜（瓶裝，切碎）… 10g
白芝麻 … ½大匙

白飯 … 1碗（150g）

B | 醬油 … 1小匙
麻油 … ½小匙
鹽 … 少許

將白飯和材料 **B** 放入容器中，均勻混合。依序放上 **A**（豬絞肉攤平），蓋上蓋子，然後冷凍。

取出並斜放蓋子，放入微波爐中加熱8分鐘，一邊撥鬆絞肉，一邊攪拌均勻。

鮭魚小松菜海苔美乃滋炒飯

美乃滋的濃郁和海苔的風味非常搭。將鮭魚切成較大塊以增加份量感。
此外，也可以用雞肉、豬肉或竹輪製作。

●材料（1人份）

生鮭魚（切3-4cm塊狀）… 1片（100g）
小松菜（切2cm段）… 1株（50g）
海苔粉 … 1小匙
米飯 … 1碗（150g）
A | 醬油 … ½大匙
　| 美乃滋 … 1大匙

將米飯和材料A放入容器中，均勻混合。然後依序放上鮭魚、小松菜和海苔粉，蓋上蓋子，冷凍。

怎麼吃 ↓

取出後將蓋子斜放，放入微波爐加熱7分鐘，一邊撥鬆米飯，一邊攪拌均勻。

叉燒香菇炊飯

即使只加醬油調味，搭配叉燒和香菇也能做成炊飯風味。
也可以用薄切的牛蒡或蓮藕代替香菇。

●材料（1人份）

市售叉燒（切1.5cm塊狀）… 50g
生香菇（縱切5mm片）… 2朵（40g）
白飯 … 1碗（150g）
醬油 … ½大匙

把白飯、醬油放入容器中均勻攪拌，
放上叉燒、香菇，蓋上蓋子冷凍。

怎麼吃 

取出後把蓋子斜放，放入微波爐中加熱約5分鐘，邊攪拌邊把米飯撥鬆，撒上切細的青蔥絲（材料表外）即可。

蝦仁甜椒飯

鮮美蝦仁與奶油的搭配！使用冷凍鮮蝦，沖洗去除腥味，
或以冷凍的蝦直接放入即可。蔬菜可使用青椒、四季豆或蘆筍等替換。

●材料（1人份）

冷凍去殼鮮蝦（沖洗後瀝乾）
　… 14隻（80g）
黃甜椒（縱切5mm絲，再對切）
　… ¼個（40g）
奶油 … 5g
白飯 … 1碗（150g）
A　鹽 … ⅓小匙
　　黑胡椒粉 … 少許

將白飯放進盒中，撒上 **A**，再放上鮮蝦、甜椒、奶油，蓋上蓋子後放入冷凍庫保存。

取出後，斜放蓋子，以微波爐加熱5分鐘，拌勻白飯，即可上桌享用。

培根鴻喜菇起司飯

培根和起司帶來豐富的風味。黑胡椒帶來微辣的口感，絕妙的點綴。鴻喜菇可以用金針菇或杏鮑菇代替。

●材料（1人份）

培根（切1cm段）… 2片（30g）
鴻喜菇（撥散）… ½包（50g）
A ｜ 起司粉 … 1小匙
　 ｜ 現磨黑胡椒 … 少許
白飯 … 1碗（150g）
鹽 … ¼小匙

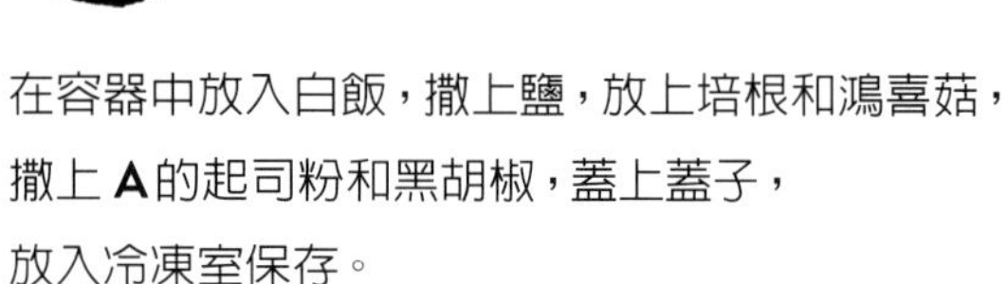

在容器中放入白飯，撒上鹽，放上培根和鴻喜菇，撒上 A 的起司粉和黑胡椒，蓋上蓋子，放入冷凍室保存。

取出容器，把蓋子斜放，用微波爐加熱5分鐘，將白飯翻鬆拌勻，可以再撒上起司粉和現磨黑胡椒（材料表外）。

雞肉胡蘿蔔味噌炒飯

濃郁的味噌風味飯，搭配雞絞肉的鮮和胡蘿蔔的甜。
也可以使用扁豆莢、四季豆和香菇等替換。

●材料（1人份）

雞絞肉 … 100g
胡蘿蔔（刨絲）… ⅙條（30g）
白飯 … 1碗（150g）
味噌 … 1大匙

在容器中加入米飯和味噌，均勻混合，
然後依序放入胡蘿蔔絲和絞肉（攤開），
蓋上蓋子冷凍。

怎麼吃 

取出後，把蓋子斜放，用微波爐加熱7分鐘，
一邊拌開雞肉一邊攪拌均勻。

雞胸肉豆苗梅子拌飯

訣竅是將雞胸肉切成薄片，不僅能均勻加熱，味道也能充分滲入。
梅子的清爽感能增加食慾。

●材料（1人份）

雞胸肉（去筋，切1cm寬的片狀）
…2塊（100g）
豆苗（切去根部，將長度分切成3等份）
…½袋（淨重50g）
白飯…1碗（150g）
A｜梅子（去核，切碎）…1顆（15g）
｜日式柴魚風味醬油（3倍濃縮）
｜…½大匙

將飯、材料**A**放入容器中混合均勻，然後按照順序將豆苗和雞胸肉鋪在上面，蓋上蓋子後冷凍。

怎麼吃 

取出後，把蓋子斜放，用微波爐加熱8分鐘，拌開食材至均勻即可。

鯖魚秋葵柚子胡椒飯

鯖魚可以保留塊狀魚肉，這樣吃起來更有嚼勁；秋葵則要切成小塊，較容易混合均勻。柚子胡椒帶有微辣的清新風味。

●**材料（1人份）**

鯖魚罐頭（瀝乾水分，稍微撥散）
…½罐（100g）
秋葵（切1cm段）…5條（40g）
白飯…1碗（150g）
A｜柚子胡椒…½小匙
　｜鹽…1撮

將米飯和 A 加入容器中，均勻混合，然後放入秋葵和鯖魚，蓋上蓋子，放入冷凍室冷凍。

取出後，斜放蓋子，放入微波爐中加熱5分鐘，同時翻鬆米飯，將鯖魚混合均勻。

2 常備微波1人餐

丼飯類

豬肉泡菜丼

使用具濃郁風味的豬五花肉和泡菜，讓米飯更加美味可口。
先將豬肉、泡菜和醬油混合，讓肉均勻地調味是訣竅。
肉也可以使用豬絞肉或豬肩肉片。

容器 700㎖　加熱 6分

●材料（1人份）

豬五花肉片（切5cm寬）… 100g

豆芽 … ½袋（100g）

A｜白菜泡菜（切大塊）… 80g
　｜醬油 … ½小匙

白飯 … 適量

切好放入

在容器中放入豬肉、A，快速攪拌均勻，攤開放入肉片，再放上豆芽。

冷凍

蓋上蓋子，放入冷凍室保存。

以微波爐加熱

取出時將蓋子斜放，放入微波爐加熱6分鐘，同時將肉片分開，混合所有食材。放在米飯上享用。

蔥鹽豬肉丼

這是一道超人氣，充滿芝麻油香氣和豐富蔥味的燒肉丼。
將豬肉切成大片，盡可能攤平後放入容器中，這樣可以使肉均勻受熱，加熱後容易分開。
份量也非常足夠！

容器
700㎖

加熱
4分

●材料（1人份）

豬肩肉薄片（將長度對切）⋯ 100g

A
- 大蔥（切末）⋯ ⅓根（30g）
- 鹽 ⋯ ¼小匙
- 芝麻油 ⋯ 1小匙
- 粗磨黑胡椒 ⋯ 少許

白飯 ⋯ 適量

1 切好放入

將A加入容器中攪拌均勻，加入豬肉拌勻並攤平。

2 冷凍

蓋上蓋子，放入冷凍室保存。

3 以微波爐加熱

想吃的時候，取出保鮮盒並斜放蓋子，在微波爐中加熱4分鐘，同時分開肉片並混合均勻，最後放在飯上即可享用。

油豆腐丼

滋滋作響的甜鹹味油豆腐，與白飯相得益彰。
也可以用青蔥代替大蔥，或加入七味粉提味。

●材料（1人份）

油豆腐（切半後橫切2cm長條狀）
…1片（50g）
大蔥（5mm斜切）…½條（50g）
A｜日式柴魚風味醬油（3倍濃縮）
…1又½大匙
水…3大匙
糖…1小匙
白飯…適量

將A倒入容器中攪拌，加入油豆腐和大蔥，蓋上蓋子冷凍。

取出並斜放蓋子，在微波爐中加熱4分鐘，攪拌油豆腐，最後淋在白飯上享用。

日式咖哩飯

這是一道帶有鰹魚風味，拉麵店風格的咖哩飯。
將白蘿蔔切成薄片，確保煮熟，你也可以用香菇替換。

●材料（1人份）

豬五花肉薄片（切5cm寬）… 100g
白蘿蔔（切5mm扇形薄片）
… 3cm段（100g）

A | 太白粉、咖哩粉 … 各1大匙
日式柴魚風味醬油（3倍濃縮）
… 2又½大匙
水 … ¾杯

米飯 … 適量

在容器中加入 **A** 攪拌均勻，加入豬肉片，快速攪拌均勻攤平，放上白蘿蔔片，加蓋冷凍。

怎麼吃 

取出並斜放蓋子，用微波爐加熱8分鐘，攪拌至呈現濃稠狀，倒在米飯上即可。

中華丼

這是一道美味的中式豬肉燴飯。將肉裹上太白粉，加入煮汁中融合，
輕輕地添加入少許濃度，就是訣竅。您也可以加入蘑菇和韭菜增添美味。

●材料（1人份）

豬里脊肉（切5cm寬）… 100g
大白菜（切成一口大小）… 2片（160g）
胡蘿蔔（切5mm厚的半圓片）
… ⅓條（60g）

A | 雞高湯粉 … ½小匙
芝麻油 … 1小匙
醬油 … 2小匙
太白粉 … 1大匙
水 … 2大匙

白飯 … 適量

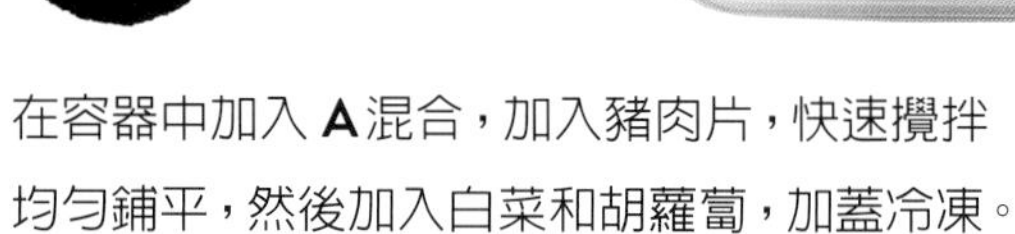

在容器中加入 **A** 混合，加入豬肉片，快速攪拌均勻鋪平，然後加入白菜和胡蘿蔔，加蓋冷凍。

取出容器，將蓋子斜放，放入微波爐中加熱8分鐘，攪拌直到湯汁變得黏稠，混合均勻，放在飯上享用。

豬肉燉豆丼

這是道份量十足的豬肉料理，利用厚切肉塊的飽滿口感，
經過加熱後能濃縮番茄的美味。
使用薄切肉片或蘑菇替換，也能製作出美味佳餚。

●材料（1人份）

豬里脊肉（豬排用，切1.5cm厚）
…1片（100g）
洋蔥（切1cm片）…¼個（50g）
水煮大豆（袋裝）…½袋（50g）
A｜番茄罐頭（切塊）…150g＊
｜鹽…⅓小匙
｜大蒜（泥）…½小匙
｜胡椒…適量
白飯…適量

＊剩餘可冷凍保存

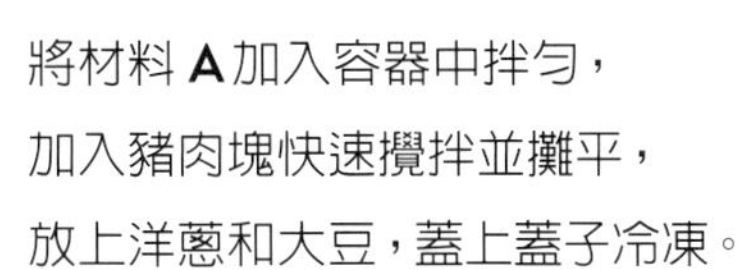

將材料A加入容器中拌勻，
加入豬肉塊快速攪拌並攤平，
放上洋蔥和大豆，蓋上蓋子冷凍。

取出後將蓋子斜放，放入微波爐中加熱8分鐘，
攪拌並將肉塊分開，混合均勻後加在白飯上享用。

柚子胡椒烤雞肉丼

只用柚子胡椒和鹽就可以做出這麼美味的料理 !?
大塊的雞肉切成5cm大小，吃起來多汁又美味。也可以用香菇代替大蔥。

●材料(1人份)

雞腿肉(帶皮，切5cm塊)
…½片(150g)
大蔥(切4cm段)…½條(50g)
A｜柚子胡椒…½小匙
　｜鹽…1撮
白飯…適量

在容器中加入雞腿肉、**A**，迅速攪拌，使雞皮朝下，放上大蔥，蓋上蓋子冷凍。

取出後將蓋子斜放，放入微波爐中加熱6分鐘，拌勻，再放在米飯上享用。

南法蔬菜燉飯

小番茄的美味溶入醬汁中，一下子就變得濃郁可口。
輕微的黏稠感與米飯融合，美味無比。也可以使用南瓜、甜椒。

●材料（1人份）

雞腿肉（帶皮，切3cm寬）
…½片（150g）
洋蔥（切2cm寬、再對切）
…¼個（50g）
小番茄（切半）…4個（40g）

A
- 番茄醬…2大匙
- 橄欖油…½大匙
- 麵粉…½小匙
- 鹽…適量
- 胡椒粉…少許

米飯…適量

在容器中加入**A**混拌，
加入雞腿肉並輕輕拌勻，再放上洋蔥和小番茄，
蓋上蓋子，放入冷凍庫。

取出後，把蓋子斜放，放進微波爐中加熱6分鐘，攪拌一下，再放在米飯上享用。可撒上巴西里碎（材料表外）。

雞肉末丼

添加少量的太白粉，讓雞肉末鬆軟、濕潤。
鹹甜的風味，有著薑的芳香，非常適合搭配白飯享用。

●材料（1人份）

雞絞肉 … 100g
薑（切末）… ½塊

A
- 酒、味醂 … 各½大匙
- 太白粉 … ½小匙
- 糖 … 1小匙
- 醬油 … 2小匙

白飯 … 適量

在容器中放入 **A** 拌勻，
加入雞絞肉和薑末，用筷子輕輕地攪拌均勻，
攤開並蓋上蓋子後冷凍。

取出容器後，把蓋子斜放，放入微波爐中加熱
3分鐘，將絞肉攪散、拌均勻後放在白飯上。
加入切小段的青蔥（材料表外）即可。

麻婆豆腐丼

用厚的油豆腐代替不適合冷凍的豆腐，增加口感和濃郁感。
配以大蒜、蠔油和豆瓣醬的重口味，是一道味道很棒的料理。

●材料（1人份）

豬絞肉 … 100g
厚的油豆腐（橫切半，再切1cm寬）
… ½塊（100g）
大蔥（切5mm段）… ⅓根（30g）
大蒜（切末）… ½瓣

A
- 蠔油 … 1大匙
- 水 … 4大匙
- 太白粉、麻油 … 各1小匙
- 豆瓣醬 … ¼小匙

白飯 … 適量

在容器中加入材料 **A**，攪拌均勻，加入豬絞肉和蒜末，用筷子快速攪拌均勻並攤平，放上油豆腐和大蔥，蓋上蓋子，冷凍。

怎麼吃

取出後將蓋子斜放，用微波爐加熱7分鐘，攪拌至稍稍呈現黏稠度，放在飯上享用。

印度絞肉咖哩 Keema curry

將番茄切成小塊，製作出美味多汁的醬汁。
也可以加入四季豆或甜椒，或是將咖哩粉減半加入，讓孩子們也能享用。

●材料（1人份）

豬牛綜合絞肉 … 100g
洋蔥（切小丁）… ½顆（100g）
番茄（切1cm丁）… ½顆（100g）

A
- 咖哩粉、番茄醬 … 各1大匙
- 麵粉 … 2小匙
- 鹽 … ⅓小匙
- 醬油 … 1小匙
- 胡椒 … 適量

米飯 … 適量

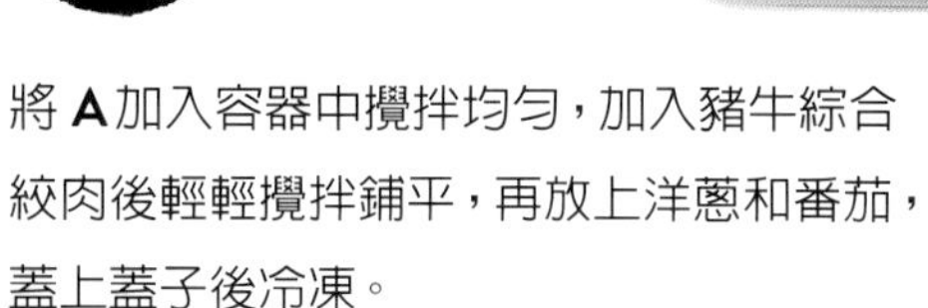

將**A**加入容器中攪拌均勻，加入豬牛綜合絞肉後輕輕攪拌鋪平，再放上洋蔥和番茄，蓋上蓋子後冷凍。

取出後，將蓋子斜放，加熱8分鐘攪拌均勻，放在飯上享用即可。

塔可飯 Taco Rice

這是一道使用辣椒粉調味，香氣撲鼻的肉醬飯，如果在上面加番茄和乳酪，就可以做出正宗的塔可飯。添加蓮藕增加咀嚼感也是不錯的選擇。

●材料（1人份）

豬牛綜合絞肉 … 100g
洋蔥（切丁）… ¼顆（50g）
A | 番茄醬 … 1大匙
中濃醬 … ½大匙
麵粉 … 2小匙
鹽、糖 … 各¼小匙
辣椒粉 … ½小匙
胡椒粉 … 少許
白飯 … 適量
萵苣（切5mm絲）… 1片
番茄（切1.5cm丁）… ¼顆
披薩乳酪 … 10g

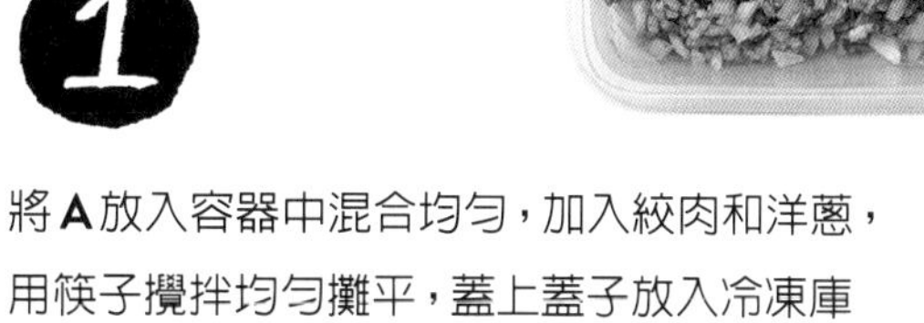

將A放入容器中混合均勻，加入絞肉和洋蔥，用筷子攪拌均勻攤平，蓋上蓋子放入冷凍庫冷凍。

取出，將蓋子斜放，放入微波爐中加熱5分鐘，攪拌至變稠。將肉醬淋在放有萵苣絲的白飯上，再放上切丁的番茄和披薩乳酪即可。

牛丼

鹹甜醬汁讓人無法抗拒的牛丼，也可以在容器中輕鬆完成！
豐富的洋蔥風味也很棒。將牛肉切成大片後攤開，肉質更加柔軟。

●材料（1人份）

牛肉薄片（切7～8cm寬）… 100g
洋蔥（切5mm絲）… ½個（100g）
A　醬油 … 1大匙
　　糖 … 1小匙
　　酒、味醂 … 各2小匙
米飯 … 適量

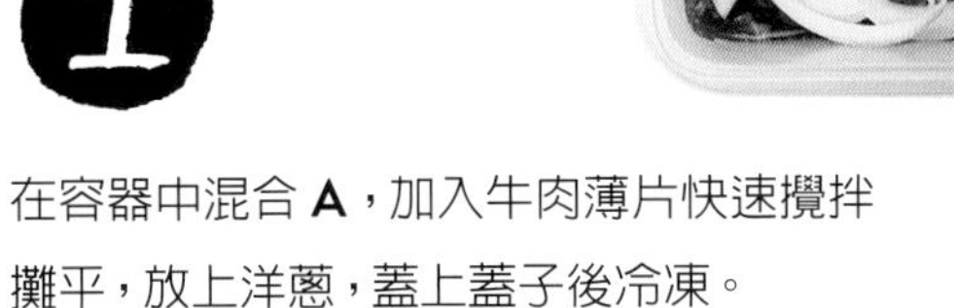

在容器中混合 **A**，加入牛肉薄片快速攪拌攤平，放上洋蔥，蓋上蓋子後冷凍。

取出後將蓋子斜放，用微波爐加熱5分鐘，一邊翻動牛肉一邊攪拌，直到混合均勻，放在米飯上享用即可。

韓式拌飯

只用燒肉醬調味，但因蔬菜的甜而產生極佳的風味。
這是當你想要大量攝取蔬菜時強力推薦的一道。

●材料（1人份）

牛肉片（切7–8cm寬）… 100g
豆芽 … ½袋（100g）
胡蘿蔔（斜切薄片，再切絲）
… ⅙根（30g）
A | 燒肉醬 … 3大匙
　| 太白粉 … ½小匙
白飯 … 適量

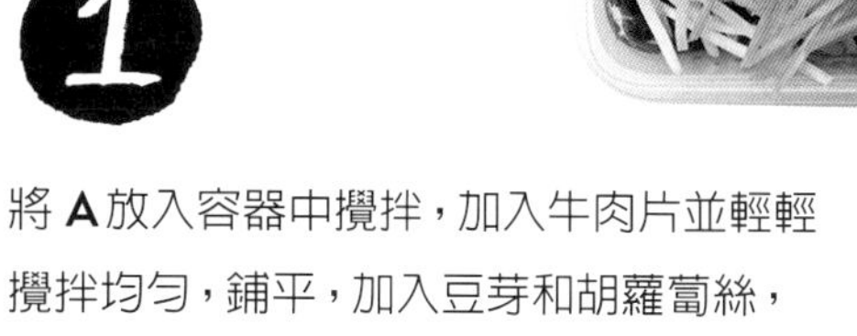

將 **A** 放入容器中攪拌，加入牛肉片並輕輕攪拌均勻，鋪平，加入豆芽和胡蘿蔔絲，蓋上蓋子，冷凍。

取出後，將蓋子斜放，用微波爐加熱6分鐘，同時翻拌牛肉，攪拌均勻後放在白飯上，再撒上白芝麻（材料表外）。

牛肉燴飯

用平常的材料就可以輕鬆製作，十分濃郁的牛肉風味，非常道地。
也可以加入胡蘿蔔、綠花椰等蔬菜！

●材料（1人份）

邊角切下的牛肉片（7–8cm）… 100g
洋蔥（切5mm絲）… ½顆（100g）
鴻喜菇（剝散）… ½包（50g）
奶油 … 5g

A
- 番茄醬 … 2大匙
- 中濃醬 … 1又½大匙
- 水 … 3大匙
- 麵粉 … 1小匙
- 鹽、糖 … 各¼小匙
- 胡椒粉 … 少許

白飯 … 適量

在容器中加入**A**混合，加入牛肉片攪拌均勻、鋪平，加入洋蔥、鴻喜菇、奶油，蓋上蓋子，放進冷凍庫冷凍保存。

怎麼吃 

拿出容器，把蓋子斜放，放入微波爐加熱7分鐘，混合攪拌至產生稠度，淋在飯上享用。

辣味蝦仁丼

加入番茄是增添美味的關鍵，可融入醬汁更加鮮甜。
偏好辣味的人也可以多加豆瓣醬。

●材料（1人份）

冷凍去殼鮮蝦（沖洗並瀝乾）
…15隻（100g）
番茄（切1cm丁）…½個（100g）

A
- 大蒜（切末）…½瓣
- 番茄醬…1大匙
- 太白粉…1小匙
- 砂糖、醬油…各½小匙
- 豆瓣醬…¼小匙

白飯…適量

在容器中將A混合，加入蝦仁輕輕攪拌，放上番茄，蓋上蓋子後冷凍。

怎麼吃 

掀開蓋子，斜放在容器上，加熱5分鐘後攪拌至變稠，淋在白飯上享用。

需要的時候

緊急上菜

常備微波1人餐

香腸奶油焗飯

介紹一道利用市售調味醬來製作的快速焗飯。
只需倒入白醬罐頭，簡單又迅速，可事先製作並冷凍，是緊急需要上菜時的救世主。
也可以使用培根、鮪魚罐頭或火腿，味道也很棒。

容器 700ml
加熱 6分

●材料（1人份）

香腸（切斜片，每片1cm）… 2根（40g）

洋蔥（切5mm薄片）… ¼個（50g）

白醬罐頭 … 100g

披薩乳酪 … 30g

白飯 … 1碗（150g）

鹽 … ¼小匙

切好放入

把白飯和鹽放入容器中攪拌均勻，
加入白醬，然後依次放上香腸、洋蔥和乳酪。

2 冷凍

蓋上蓋子，放入冷凍室保存。

以微波爐加熱

在想吃的時候，取出並斜放蓋子，
放入微波爐中加熱6分鐘。可撒上巴西里末
（材料表外）。

青花菜肉醬焗飯

利用罐裝肉醬，只需放上蔬菜和乳酪。
除了青花菜之外，也可以使用青椒或蘆筍。

●材料（1人份）

罐裝肉醬 … 100g
青花菜（切小朵，如果太大可切半）
　… ⅙棵（50g）
披薩乳酪 … 30g
白飯 … 1碗（150g）

將白飯、肉醬、青花菜和乳酪按順序
放入容器中，蓋上蓋子，冷凍保存。

取出後將蓋子斜放，放進微波爐加熱6分鐘
即可。

玉米奶油焗飯

●材料（1人份）

火腿（切半，再切成1cm長條狀）… 2片（30g）
青椒（切5mm圈狀）… 1個（30g）
A｜玉米濃湯罐頭（含玉米粒）… 100g
　｜高湯塊（切碎）… ¼個
披薩乳酪 … 30g
白飯 … 1碗（150g）
B｜鹽 … ¼小匙
　｜奶油 … 5g

1

在容器中加入米飯和 **B**，全都攪拌均勻後倒入 **A**，然後依序放上火腿、青椒和乳酪，蓋上蓋子冷凍。

掀開蓋子，斜放在容器上，放入微波爐中加熱6分鐘。

香甜的玉米奶油風味令人欲罷不能！
蔬菜也可以用花椰菜或蘑菇替換。

加了番茄醬的米飯＋鮪魚美乃滋＋披薩乳酪的豪華版本。也可以用四季豆或蘆筍替換。

鮪魚美乃滋焗飯

●材料（1人份）

鮪魚罐頭（瀝乾）… 1小罐（70g）
冷凍毛豆（從解凍的豆莢中取出）… 30g
披薩乳酪 … 30g
白飯 … 1碗（150g）
A｜番茄醬 … 1大匙
　｜黑胡椒粉 … 少許
美乃滋 … 適量

在容器中加入白飯和 **A**，混合均勻，依次放入鮪魚、毛豆、美乃滋（塗抹在上面）、乳酪，蓋上蓋子後冷凍。

怎麼吃

取出斜放蓋子，放入微波爐加熱6分鐘，撒上黑胡椒粉（材料表外）。

3 常備微波1人餐

義大利麵

鮪魚與鴻喜菇
奶油醬油義大利麵

這是一道加入了鮪魚和鴻喜菇，熱門的奶油醬油風味義大利麵。
建議將義大利麵以X形放入容器中，將油均勻地沾裹在麵條間，並在中途翻動一次以鬆開麵條，這樣做的技巧非常重要。也可以用培根或雞肉來製作。

容器 1100㎖
加熱 7分＋3分

●**材料（1人份）**

A
- 鮪魚罐頭（瀝乾）… 1小罐（70g）
- 鴻喜菇（撥散）… ½袋（50g）
- 青蔥（切5cm段）… 5根（25g）
- 奶油 … 5g

義大利直麵（1.6mm）… 80g

B
- 醬油、橄欖油 … 各2小匙
- 水 … 1杯

 切好放入

在容器中加入**B**，攪拌均勻，將麵條對摺成以X形放入，讓油均勻地沾裹在麵條和麵條之間，然後加入**A**。

2 冷凍

蓋上蓋子，放入冷凍室保存。

3 以微波爐加熱

取出後將蓋子斜放，放入微波爐加熱7分鐘，翻動一次麵條撥鬆開來，再加熱3分鐘，快速攪拌均勻。

＊如果使用短義大利麵（penne／煮12分）製作，第2次加熱需要增加2分鐘。快煮型的義大利麵不適用。

魩仔魚的香辣番茄麵

魩仔魚的鮮美和番茄的酸味非常合。
番茄醬汁讓義大利麵更容易沾黏，所以加熱7分鐘後，要好好地攪拌一下。
推薦加入切碎辣椒或整條辣椒增加辣味。

容器 1100㎖ ｜ 加熱 7分+5分

●**材料（1人份）**

A
- 魩仔魚…3大匙（20g）
- 洋蔥（切5mm絲）…½個（100g）
- 大蒜（切末）…½瓣
- 紅辣椒（撕成對半）…1條

義大利直麵（1.6mm）…80g

B
- 切塊番茄罐頭…150g＊
- 鹽…½小匙
- 橄欖油…2小匙
- 胡椒…少許
- 水…¾杯

＊剩下的可以冷凍保存

切好放入

將**B**加入容器中混合，將義大利直麵對折以X形放入，充分攪拌，然後放入**A**。

2 冷凍

蓋上蓋子，放入冷凍室保存。

以微波爐加熱

取出並斜放蓋子，放入微波爐中加熱7分鐘
⇒翻拌麵條後將食材攪拌均勻
⇒再加熱5分鐘，快速攪拌。

杏鮑菇明太子義大利麵

加入帶著薄皮的明太子，提供了口感和風味，
而杏鮑菇帶來更多的咀嚼感。也可加入金針菇和四季豆。

●材料（1人份）

明太子（切1cm片）… 1條（40g）
杏鮑菇（長度對切，再垂直切成6條）
　… 1根（100g）
義大利直麵（1.6mm）… 80g

A
醬油 … 1小匙
橄欖油 … 2小匙
水 … 1杯

在容器中加入 A 混合，將義大利麵對折以 X 形放入，加入容器中混合，放上明太子（切碎），杏鮑菇，蓋上蓋子冷凍。

怎麼吃

掀開蓋子，斜放在容器上，放入微波爐中加熱7分鐘⇒翻拌麵條後將食材攪拌均勻⇒再加熱3分鐘，快速攪拌。
可加入青蔥絲（材料表外）。

蛤蜊與青花菜辣椒麵

利用方便且美味的蛤蜊罐頭，再搭配切成小塊的青花菜和
香氣豐富的大蒜一起製成醬汁。

●材料（1人份）

A
- 水煮蛤蜊罐頭（去汁）… 1罐（125g）
- 青花菜（切小朵）… ¼顆（80g）
- 大蒜（切末）… 1瓣
- 紅辣椒（切圈）… ½根

義大利直麵（1.6mm）… 80g

B
- 鹽 … ¼小匙
- 橄欖油 … 2小匙
- 水 … 1杯

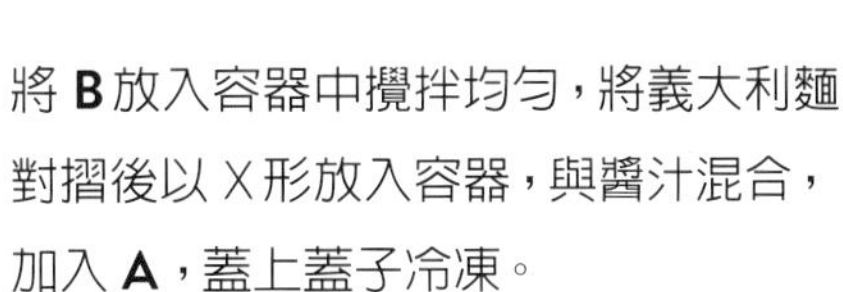

將 **B** 放入容器中攪拌均勻，將義大利麵
對摺後以 X 形放入容器，與醬汁混合，
加入 **A**，蓋上蓋子冷凍。

怎麼吃

掀開蓋子，斜放在容器上，放入微波爐中
加熱7分鐘⇒翻拌麵條後將食材攪拌均勻
⇒再加熱3分鐘，快速攪拌。

鮪魚和蔥的芝麻泡菜義大利麵

鮪魚罐頭、青蔥和芝麻、韓國泡菜融合在一起，帶給義大利麵豐富的口感和風味。蔥也可以用香菇、青椒替換，火腿或豬肉絲可替換鮪魚。

●材料（1人份）

A
- 鮪魚罐頭（瀝乾）… 1小罐（70g）
- 白菜韓國泡菜（切小塊）… 60g
- 青蔥（切5cm段）… 5根（25g）
- 白芝麻（磨碎）… 2小匙

義大利直麵（1.6mm）… 80g

B
- 醬油 … 1小匙
- 芝麻油 … 2小匙
- 水 … 1杯

將 **B** 放入容器中攪拌均勻，將義大利麵對摺後以X形放入容器，與醬汁混合，加入 **A**，蓋上蓋子冷凍。

掀開蓋子，斜放在容器上，放入微波爐中加熱7分鐘⇒翻拌麵條後將食材攪拌均勻⇒再加熱3分鐘，快速攪拌。

蟹肉條、青椒與榨菜義大利麵

靠著蟹肉條和榨菜的鹹香和風味，即使只有醬油，也能感受到深邃的美味。蔬菜部分也可以使用豆苗或冷凍菠菜。

●材料（1人份）

A
- 蟹肉條（拆散）… 5條（35g）
- 青椒（縱向切5mm絲）… 1個（30g）
- 榨菜（罐裝，切段）… 10g

義大利直麵（1.6mm）… 80g

B
- 醬油 … ½大匙
- 麻油 … 2小匙
- 水 … 1杯

將 **B** 放入容器中攪拌均勻，將義大利麵對摺後以X形放入容器，與醬汁混合，加入 **A**，蓋上蓋子冷凍。

掀開蓋子，斜放在容器上，放入微波爐中加熱7分鐘⇒翻拌麵條後將食材攪拌均勻⇒再加熱3分鐘，快速攪拌。

鮭魚高麗菜的奶油乳酪義大利麵

奶油白醬類的義大利麵不適合冷凍，但可以用奶油乳酪輕鬆製作！
將奶油乳酪放在最上面，最後一個步驟是同時融化並攪拌麵條。

●材料（1人份）

A
- 鮭魚片（切1.5cm薄片）…1片（100g）
- 高麗菜（切3-4cm片狀）…2片（100g）

奶油乳酪 cream cheese（切1cm塊）…40g

義大利直麵（1.6mm）…80g

B
- 鹽…½小匙
- 橄欖油…2小匙
- 水…1杯

將 **B** 放入容器中攪拌均勻，將義大利麵對摺後以Ｘ形放入容器，與醬汁混合，加入 **A** 和奶油乳酪，蓋上蓋子冷凍。

怎麼吃 

掀開蓋子，斜放在容器上，放入微波爐中加熱7分鐘⇒翻拌麵條後將食材攪拌均勻⇒再加熱3分鐘，快速攪拌。最後撒上適量的粗磨黑胡椒（材料表外）即可。

鮮蝦四季豆的番茄義大利麵

經典的番茄義大利麵，是一道大家都喜歡的美味。
可用培根、鮪魚代替蝦仁；蔬菜也可使用青花菜或冷凍菠菜。

●材料（1人份）

A
- 冷凍去殼草蝦（沖洗後瀝乾）…15隻（100g）
- 四季豆（切3等份）…5條（40g）
- 大蒜（切末）…½瓣

義大利直麵（1.6mm）…80g

B
- 切塊番茄罐頭…150g＊
- 鹽…½小匙
- 橄欖油…2小匙
- 胡椒…少許
- 水…¾杯

＊剩餘可冷凍保存

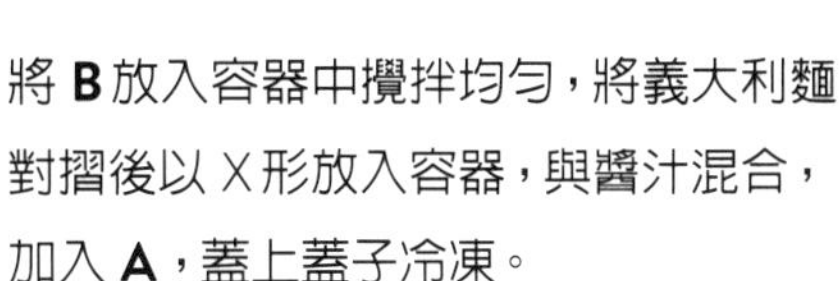

將**B**放入容器中攪拌均勻，將義大利麵對摺後以X形放入容器，與醬汁混合，加入**A**，蓋上蓋子冷凍。

掀開蓋子，斜放在容器上，放入微波爐中加熱7分鐘⇒翻拌麵條後將食材攪拌均勻⇒再加熱5分鐘，快速攪拌。

肉末與小松菜的柚子胡椒義大利麵

豬絞肉要放在小松菜上，才能將豬肉的濃郁風味傳遞到蔬菜裡。
柚子胡椒的辣味和義大利麵非常搭。也可以用青江菜、春菊等材料製作。

●材料（1人份）

豬絞肉 … 100g
小松菜（切5cm寬）… 2株（100g）
義大利直麵（1.6mm）… 80g

A | 柚子胡椒 … 1小匙
日式柴魚風味醬油（3倍濃縮）、
橄欖油 … 各2小匙
水 … 1杯

將 **A** 放入容器中攪拌均勻，將義大利麵對摺後以 X 形放入容器，與醬汁混合，然後依次放上小松菜和絞肉（攤平）。蓋上蓋子後冷凍。

掀開蓋子，斜放在容器上，放入微波爐中
加熱7分鐘⇒翻拌麵條後將食材攪拌均勻
⇒再加熱3分鐘，同時翻拌肉末至均勻即可。

肉醬義大利麵

透過加入番茄醬的甜味，讓多汁的豬絞肉更加濃郁。
將義大利麵和醬汁一起微波加熱，這樣麵條也能充分吸收美味。

●材料（1人份）

A
- 豬絞肉 … 100g
- 洋蔥（切碎）… 1/4個（50g）
- 大蒜（切碎）… 1/2瓣

義大利直麵（1.6mm）… 80g

B
- 切塊番茄罐頭 … 150g ＊
- 番茄醬 … 2大匙
- 鹽 … 1/3小匙
- 橄欖油 … 2小匙
- 胡椒 … 少許
- 水 … 3/4杯

＊剩餘部分可冷凍保存

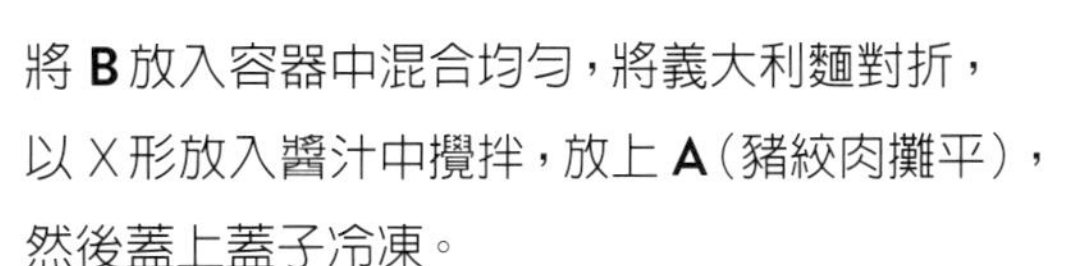

將 **B** 放入容器中混合均勻，將義大利麵對折，以X形放入醬汁中攪拌，放上 **A**（豬絞肉攤平），然後蓋上蓋子冷凍。

掀開蓋子，斜放在容器上，放入微波爐加熱7分鐘⇒翻面攪拌麵條⇒再加熱5分鐘，同時攪散豬肉末。撒上切碎的巴西利（材料表外）即可享用。

海鮮鴻喜菇蠔油奶油義大利麵

結合了海鮮和蠔油的美味，再加上奶油更具深度。
芝麻油也不要減少，因為它有助於麵條的分散。也可使用鮭魚來製作。

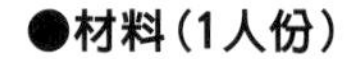

●材料（1人份）

A
- 冷凍綜合海鮮（快速清洗，瀝乾）…100g
- 鴻喜菇（撥散）…½包（50g）
- 奶油…5g

義大利直麵（1.6mm）…80g

B
- 蠔油…1大匙
- 芝麻油…2小匙
- 水…1杯

將**B**放入容器中混合均勻，將義大利麵對折，以X形放入醬汁中攪拌，放上**A**，然後蓋上蓋子冷凍。

掀開蓋子，斜放在容器上，放入微波爐加熱7分鐘⇒翻面攪拌麵條⇒再加熱3分鐘拌勻。撒上切碎的青蔥（材料表外）即可享用。

鯖魚味噌與春菊的和風義大利麵

味噌燉鯖魚罐頭濃郁的滋味，搭配日式柴魚風味醬油的和風義大利麵。
除了春菊外，豆苗、青椒等，具獨特香氣的蔬菜也很適合。

●**材料（1人份）**

A 味噌燉鯖魚罐頭（瀝乾並稍微分成小塊）…½罐（100g）
春菊（切5cm段）…½束（80g）
蒜末…½瓣

義大利直麵（1.6mm）…80g

B 日式柴魚風味醬油（3倍濃縮）…1又½大匙
香油…2小匙
水…1杯

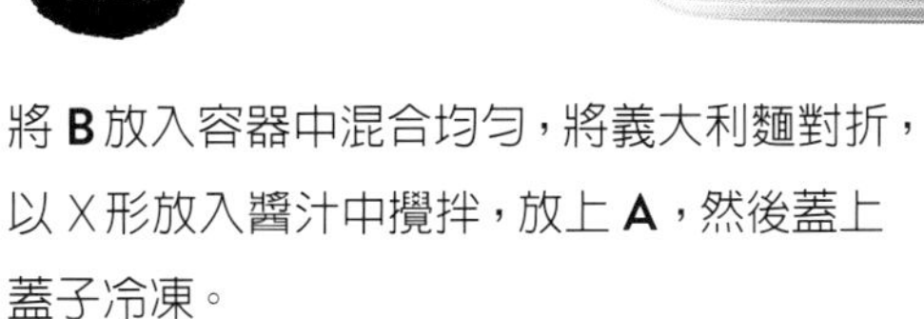

將**B**放入容器中混合均勻，將義大利麵對折，以X形放入醬汁中攪拌，放上**A**，然後蓋上蓋子冷凍。

掀開蓋子，斜放在容器上，
放入微波爐加熱7分鐘⇒翻面攪拌麵條
⇒再加熱3分鐘快速拌勻即可。

4 常備微波1人餐

炒麵

魩仔魚高麗菜的柚子胡椒炒麵

這是一道加入柚子胡椒的清爽鹹味炒麵。為了避免麵條受調味料影響而變軟，需要把麵條放在最上層，同時也利用蔬菜的水分讓整道菜保持濕潤。也可以用竹輪或豬五花肉來製作。

容器 1100㎖ 加熱 5分

●材料（1人份）

高麗菜（切3-4cm片狀）… 2片（100g）

魩仔魚 … 3大匙（20g）

中式麵條 … 1份（150g）

A | 柚子胡椒 … ½小匙
　| 麻油 … 1小匙
　| 鹽 … 1撮

1 切好放入

在容器中放入A混合均勻，依次放入高麗菜、魩仔魚和麵。

2 冷凍

蓋上蓋子，放入冷凍室保存。

3 以微波爐加熱

吃時取出，斜放蓋子，放入微波爐加熱5分鐘，翻拌麵條並混合均勻。

香腸蘆筍與鹽昆布奶油炒麵

香腸和鹽昆布的風味和鹹度可以替代調味料。
加入奶油增加香氣，也可以用鮪魚罐頭、豬肉、蓮藕或香菇來替換製作。

●材料（1人份）

A
- 香腸（縱切半，斜切5mm寬）…2根（40g）
- 青蘆筍（去皮，斜切1cm寬）…3根（60g）
- 鹽昆布…2大匙（10g）
- 奶油…5g

中式麵條…1份（150g）

將A放入盒中，放上麵條，蓋上蓋子冷凍。

取出，斜放蓋子，放入微波爐中加熱6分鐘，攪拌麵條與材料至均勻即可。

竹輪甜椒的紅紫蘇炒麵

以紅紫蘇粉炒麵為特色，風味獨特。請不要把竹輪切得太細，以免太硬。也可以使用蟹肉棒、培根、火腿等替換，同樣美味。

●材料（1人份）

竹輪（橫切半，再縱切6條）… 2根（70g）
黃椒（切5mm寬）… ½個（80g）
中式麵條 … 1份（150g）
A ｜ 鹽 … ¼小匙
　｜ 紅紫蘇粉、橄欖油 … 各1小匙

在容器中加入竹輪和A，快速攪拌，然後依次放上黃椒和麵條，蓋上蓋子後冷凍。

取出，斜放蓋子，放入微波爐中加熱6分鐘，攪拌麵條與食材至均勻即可。

炸醬麵

用少量的材料也能做出正宗的味道！加入香菇可以增加美味和香氣，
如果沒有香菇，用蔥或水煮過的筍代替也很好吃。

●材料（1人份）

豬絞肉 … 80g
新鮮香菇（切小丁）… 3朵（60g）
中式麵條 … 1份（150g）

A
酒、蠔油 … 各1大匙
糖 … $\frac{1}{2}$小匙
豆瓣醬 … $\frac{1}{4}$小匙

在容器中加入 **A** 攪拌均勻，
加入豬絞肉，用筷子輕輕攪拌均勻並攤平，
然後放上香菇和麵條，蓋上蓋子後冷凍。

取出後將蓋子斜放，放入微波爐中加熱7分鐘，
同時攪拌麵條和肉末至均勻。
加入切成細絲狀的小黃瓜（材料表外）即可。

牛肉青椒精力炒麵

用燒肉醬調味的快速食譜。將牛肉切成較大的塊狀會更有嚼勁。
蔬菜也可以用韭菜或舞菇替換。

●材料（1人份）

牛肉（切7–8cm寬）… 100g
青椒（切成一口大小）… 2個（60g）
大蒜（切薄片）… 1瓣
中式麵條 … 1份（150g）
燒肉醬 … 2又½大匙

在容器中放入牛肉和燒肉醬，
快速攪拌均勻，鋪平，依次放上青椒、
大蒜和麵條，蓋上蓋子，冷凍。

取出後斜放蓋子，在微波爐中加熱7分鐘，
用筷子將麵條和材料攪拌均勻。

海鮮青江菜咖哩炒麵

**咖哩和海鮮的搭配非常出色，如果想增加份量，
也可以使用豬五花肉或豬絞肉來製作。
蔬菜也可以使用白菜、小松菜等替換。**

●材料（1人份）

冷凍綜合海鮮（沖洗並瀝乾）… 100g
青江菜（取下葉子切5cm寬，莖縱切）
… 1顆（100g）
中式麵條 … 1份（150g）
A｜咖哩粉、橄欖油 … 各1小匙
｜醬油 … 2小匙

在容器中加入 A，攪拌均勻後
加入綜合海鮮，輕輕拌勻，
然後加入青江菜和麵條，蓋上蓋子，冷凍。

怎麼吃 

取出後把蓋子斜放，放入微波爐中加熱8分鐘，
攪拌麵條和材料至均勻即可。

小扇貝四季豆的梅子炒麵

磨碎的白芝麻、榨菜，與小扇貝組合而成的雙重美味，香氣十足。除了可以替換成鮪魚和鮭魚之外，使用培根或豬肉製作也是一個不錯的選擇。

●材料（1人份）

小扇貝（切半）… 9個（100g）
四季豆（切3等份）… 5條（40g）
榨菜（瓶裝、切絲）… 10g
中式麵條 … 1份（150g）
A｜磨碎的白芝麻、醬油、麻油 … 各2小匙

將**A**放入容器中攪拌均勻，加入扇貝攪拌均勻，再將四季豆、榨菜、麵依序分層放入，加蓋冷凍。

掀開蓋子，斜放在容器上，用微波爐加熱7分鐘，攪拌麵條與食材至均勻。

5 常備微波1人餐

炒烏龍麵

煙燻培根和小松菜炒烏龍麵

使用日式柴魚風味醬油為調味料的簡易食譜。將烏龍麵放在最上層，
利用蔬菜中的水分加熱，使麵條保持濕潤。除了冷凍烏龍麵外，煮熟的烏龍麵也OK。
也可以使用香腸、豬肉、豆苗或水菜等材料製作。

容器 1100㎖

加熱 7分

●材料(1人份)

培根(切1cm寬)… 2片(30g)

小松菜(切5cm寬)… 2株(100g)

冷凍烏龍麵 … 1包(180g)＊

A | 日式柴魚風味醬油(3倍濃縮)… 1又½大匙
  | 芝麻油 … 1小匙

＊也可以使用煮好的烏龍麵

1 切好放入

在容器中加入 A，混合後放上培根、小松菜和烏龍麵。

2 冷凍

蓋上蓋子，放入冷凍室保存。

3 以微波爐加熱

想吃的時候取出，將蓋子斜放，放入微波爐中加熱7分鐘，同時用筷子攪拌烏龍麵與食材混合均勻。

竹輪玉米炒烏龍麵

使用燒肉醬輕鬆調味，添加奶油使湯汁更濃郁。
竹輪可以用豬肉、雞肉代替，青蔥也可以用韭菜或青椒替換，都很美味。

●材料（1人份）

A
- 竹輪（切1cm的圓片）⋯ 2根（70g）
- 無糖玉米罐頭（瀝乾）⋯ ½罐（約30g）
- 青蔥（切2cm長）⋯ 5根（25g）
- 奶油 ⋯ 5g

冷凍烏龍麵 ⋯ 1包（180g）

B
- 燒肉醬 ⋯ 2大匙
- 鹽 ⋯ 適量

在容器中混合 **B**，依序放上 **A** 和烏龍麵，然後蓋上蓋子冷凍。

取出後將蓋子斜放在容器上，用微波爐加熱8分鐘，均勻攪拌烏龍麵與食材。

鮪魚蘆筍與梅子炒烏龍麵

這是一個用梅乾的鹹味來調味，口感清爽的料理，
加上了鮪魚罐頭和芝麻油的香氣，增添了豐富口感。
蔬菜可以換成青椒或四季豆。

●材料（1人份）

A
- 鮪魚罐頭（瀝乾）⋯1小罐（70g）
- 蘆筍（去皮切斜段）⋯3根（60g）
- 梅乾（去核切碎）⋯1顆（15g）
- 芝麻油⋯1小匙

冷凍烏龍麵⋯1包（180g）

在盛裝容器中加入 **A** 調勻，放上烏龍麵，
蓋上蓋子後冷凍。

拿出來後將蓋子斜放，放進微波爐中加熱
7分鐘，一邊翻拌烏龍麵一邊攪拌均勻即可。

拿坡里烏龍麵

以番茄醬調味，極受歡迎的義大利麵，這裡改以烏龍麵製作。
最強的配料是經典的熱狗和青椒！最後，可以撒上起司粉增添風味。

●材料（1人份）

A	熱狗（切1cm斜片）… 2條（40g）
	青椒（切7–8mm長條）… 1個（30g）
	洋蔥（切薄片）… ¼顆（50g）
	奶油 … 5g
冷凍烏龍麵 … 1包（180g）	
B	番茄醬 … 2大匙
	鹽 … 少許

將**B**放入容器中混合，依序放入**A**和烏龍麵，
蓋上蓋子後冷凍。

怎麼吃 

取出後，將蓋子斜放，加熱7分鐘後，
攪拌烏龍麵。最後，撒上起司粉（材料表外）
即可享用。

豬五花和秋葵的咖哩烏龍麵

豬肉＋中濃醬的咖哩風味，B級美食的最佳代表，咀嚼後黏稠的秋葵帶來口感的點綴。也可以用韭菜、青蔥、香菇等替換。

●材料（1人份）

豬肉薄片（切5cm長）… 100g

秋葵（去蒂，斜切3段）… 5根（40g）

冷凍烏龍麵 … 1包（180g）

A
- 咖哩粉 … ½大匙
- 中濃醬 … 1又½大匙
- 醬油 … 1小匙

將**A**放入容器中拌勻，加入豬肉片快速攪拌後鋪平，然後按照秋葵、烏龍麵的順序鋪放，加上蓋子後冷凍。

取出後將蓋子斜放，用微波爐加熱8分鐘，同時拌開烏龍麵和豬肉。

豬絞肉白菜的生薑炒烏龍麵

使用豬絞肉，加上生薑和柚子醋的風味，滋味爽口、肉汁濃郁。蔬菜可以用小松菜、豆苗和青江菜替換。

●材料（1人份）

豬絞肉 … 100g
白菜（切5cm長、1cm寬）
 … 2片（160g）
生薑（切絲）… ½根
冷凍烏龍麵 … 1包（180g）
柚子醋醬油 … 2大匙＊

＊ 將1大匙的柚子醋和略少於1大匙的醬油混合即可。

在容器中加入豬絞肉、柚子醋醬油，用筷子輕輕攪拌均勻後鋪平，放上白菜、生薑和烏龍麵，蓋上蓋子後冷凍。

怎麼吃

取出後將蓋子斜放，放入微波爐中加熱8分鐘，用筷子攪拌烏龍麵和豬肉至均勻即可。

蝦仁青花菜的
味噌美乃滋炒烏龍麵

濃郁的味道，以香濃的味噌和美乃滋為基礎。
請好好攪拌後再放上配料，也可以加入鮪魚或扇貝，四季豆或蘑菇等。

●材料（1人份）

冷凍去殼蝦仁（輕輕沖洗，拭乾水分）
　…15隻（100g）
青花菜（分成小朵，太大再對切）
　…¼顆（80g）
冷凍烏龍麵 …1包（180g）
A｜味噌、美乃滋… 各1大匙

在容器中加入 A混合，放上蝦仁和青花菜，
再放上烏龍麵，蓋上蓋子冷凍。

取出後將蓋子斜放，放入微波爐中加熱
8分鐘，攪拌烏龍麵與食材至均勻。

6 常備微波1人餐

主菜

薑燒豬肉

在調味料中加入太白粉是重點，即使使用微波爐進行快速加熱，豬肉也可以變得鬆軟多汁。
將肉放入容器中，攤開以確保更好的加熱效果。
使用具有油質、切下的邊角肉或豬肩肉也是不錯的選擇。

容器 700㎖　加熱 6分

●**材料（1人份）**

豬里脊肉片（長度切對半）… 3片（100g）

洋蔥（切5mm寬）… ½個（100g）

A | 生薑（磨泥）… 1小塊
醬油 … 1大匙
太白粉 … 1小匙
糖、酒 … 各2小匙

在容器中加入A，攪拌均勻，加入豬肉，
輕輕地混合均勻，然後攤平，放上洋蔥。

2 冷凍

蓋上蓋子，放入冷凍室保存。

3 以微波爐加熱

取出想吃的時候，把蓋子斜放，用微波爐加熱
6分鐘，攪拌均勻，直到有黏稠度。
搭配切絲的高麗菜和小番茄（材料表外）即可享用。

回鍋肉

加入辣豆瓣醬，感覺味道更道地，而且簡單又非常美味。由於高麗菜會佔用保存盒很大的空間，因此建議使用大容器。也可以加入青椒。

●材料（1人份）

豬五花肉片（切5cm寬）… 100g
高麗菜（切3-4cm的片狀）
… 2片（100g）
胡蘿蔔（切3mm半圓片）
… ⅙根（30g）

A
- 糖、酒 … 各½大匙
- 味噌 … 1大匙
- 太白粉 … ½小匙
- 豆瓣醬 … ¼～⅓小匙

在容器中加入A，攪拌均勻後加入豬肉，快速攪拌均勻，攤開豬肉後放上高麗菜和胡蘿蔔。蓋上蓋子冷凍。

取出後將蓋子斜放，放入微波爐中加熱7分鐘，攪拌至均勻即可。

叉燒肉

使用炸豬排用的豬肉，只需加熱3分鐘即可製作出美味的叉燒！
加入大蒜提升風味，以蜂蜜調味更加滋潤。

●材料（1人份）

炸豬排用豬肉（切斷筋膜＊）
…1片（100g）

A
- 日式柴魚風味醬油（3倍濃縮）…1又½大匙
- 太白粉、大蒜（搗碎）… 各¼小匙
- 蜂蜜 … ½小匙

＊切斷油脂與瘦肉之間的筋膜

將A放入容器中混合，加入豬肉拌勻，
蓋上蓋子冷凍。

怎麼吃 

取出，將蓋子斜放，放入微波爐中加熱3分鐘，
攪拌直到醬汁變稠。分切成長方塊，淋上醬汁，
配上生菜享用（材料表外）。

梅子秋葵豬肉卷

只需用豬肉捲梅子和秋葵，口味清爽的組合，做法非常簡單就能完成。
為了縮短烹調時間，也可以使用四季豆、蘆筍和胡蘿蔔等食材。

●**材料（1人份）**

豬肉薄片 … 4片（80g）

A | 鹽 … 少許
  | 胡椒 … 少量

青紫蘇 … 4片

梅乾（去核，切成小塊）… 1個（15g）

秋葵（去梗）… 4條（30g）

將豬肉平鋪，撒上 A，從靠近自己的一端放上青紫蘇、梅乾和秋葵，然後緊緊捲起來，接口處朝下放入容器中，加蓋冷凍。

怎麼吃 

取出，將蓋子斜放，以微波爐加熱3分鐘，斜切成兩段，配上生菜（材料表外）享用。

蒸雞肉佐蔥香醬汁

這道菜以簡單的醋醬汁代替了油淋雞的醬，並且適度的加熱雞肉，
保持多汁和柔軟的口感。使用雞腿肉也同樣美味。

●材料（1人份）

雞胸肉 … ½片（150g）

A | 大蔥（切碎）… ⅓根（30g）
柚子醋醬油 … 1大匙＊
芝麻油 … 1小匙

＊ 將1大匙的柚子醋和略少於1大匙的醬油
混合即可

將雞胸肉和 A 放入容器中，
拌勻後加蓋冷凍。

取出後將蓋子斜放，用微波爐加熱7分鐘，
切成薄片後淋上醬汁即可。

雞肉燴小松菜

使用日式柴魚風味醬油和醋，輕鬆完成爽口的菜餚。也可使用豬里脊、五花肉、青椒、甜椒和薄切的蘿蔔…等，肉和蔬菜的變化組合。

●材料（1人份）

雞腿肉（帶皮切5cm塊）
　… ½片（150g）
小松菜（切5cm長）… 2株（100g）
A｜日式柴魚風味醬油（3倍濃縮）
　　… 1又½大匙
　醋 … ½大匙

將A混合後加入雞肉拌勻，將皮朝下放，放上小松菜，加蓋冷凍。

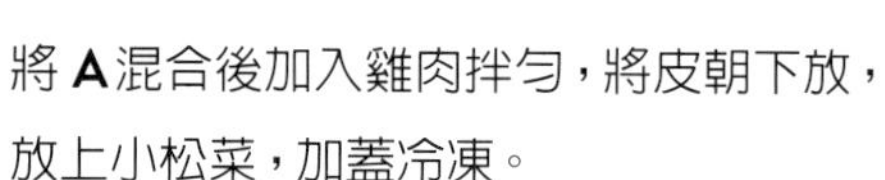

取出後將蓋子斜放，用微波爐加熱7分鐘，攪拌均勻即可。

不用揉圓的豆腐漢堡排

**不需要揉成圓形，只需在容器中把混合好的肉餡鋪平即可！
加入嫩豆腐後，口感鬆軟多汁。關鍵在於充分混合醬汁和肉餡。**

●材料（1人份）

A
- 綜合絞肉 … 100g
- 嫩豆腐 … ⅓塊（100g）
- 洋蔥（切末）… ¼顆（50g）
- 麵包粉 … 2大匙
- 鹽 … ⅙小匙
- 肉豆蔻、黑胡椒 … 各少許

B
- 切塊番茄罐頭 … ¼罐（100g）＊
- 番茄醬 … 1大匙
- 砂糖 … ½小匙
- 鹽 … ¼小匙
- 黑胡椒 … 少許

＊剩餘部分可以冷凍保存

在容器中加入 **A**，用力攪拌混合至肉餡呈現黏性，把表面鋪平，中央預留出凹陷，加上 **B** 的醬汁後加蓋冷凍。

取出後把蓋子斜放，放進微波爐加熱8分鐘，充分混合醬汁和流出的肉汁。
可加些切碎的巴西利（材料表外）。

不用包的玉米燒賣

將餡料放進容器中攪拌均勻，然後在餡料上放燒賣皮即可。
以濕紙巾蓋上，放進微波爐內加熱！美味驚人。

●材料（1人份）

A
- 豬絞肉 … 100g
- 洋蔥（切粗粒）… ⅓顆（60g）
- 無糖玉米粒罐頭（瀝乾）… 1小罐（65g）＊
- 太白粉 … ½大匙
- 鹽 … ¼小匙
- 酒 … 1小匙
- 胡椒粉 … 少許

燒賣皮（切5mm寬）… 10片

＊取出1小匙用於裝飾

把A料放入容器中，用手揉捏直到產生黏性，平整表面後放上切好的燒賣皮，撒上裝飾用的玉米粒，蓋上蓋子後冷凍。

怎麼吃

取出後，掀開蓋子，覆蓋上稍微擰掉水分、濕潤的廚房紙巾，再斜放蓋子，用微波爐加熱6分鐘。切成容易吃的大小，附上黃芥末與醬油（材料表外）。

蕪菁燉肉末

使用日式柴魚風味醬油為基本調味，加入雞肉末能讓口感更豐富。
也可以使用南瓜、番薯、白蘿蔔、蓮藕等替換。

●材料（1人份）

雞絞肉…100g
蕪菁（切6等份的角狀）…1個（80g）
蕪菁葉（切4cm長）…1個（40g）

A
日式柴魚風味醬油（3倍濃縮）…1又½大匙
水…2大匙
太白粉…1小匙

在容器中混合**A**，加入雞絞肉，
用筷子輕輕攪拌均勻，攤平後放上蕪菁、
蕪菁葉，蓋上蓋子後冷凍。

取出後將蓋子斜放，放入微波爐中加熱8分鐘，
攪拌至有黏稠感即可。

青椒肉絲

以大塊的牛肉片增加份量，加上太白粉讓口感鮮嫩多汁。
只用蠔油和糖調味，再加上牛肉就是最棒的美味。

●材料（1人份）

牛肉片（長7～8cm）⋯100g
青椒（縱切5mm絲）⋯3顆（90g）

A
- 蠔油⋯1大匙
- 糖⋯½小匙
- 太白粉⋯¼小匙

將A放入容器中攪拌均勻，加入牛肉片並輕輕拌勻攤平，放上青椒，蓋上蓋子後冷凍。

掀開蓋子，斜放在容器上，放入微波爐中加熱5分鐘，攪拌至醬汁變稠即可。

牛肉牛蒡壽喜燒

這是一個以日式柴魚風味醬油方便快速製作的食譜。
將牛蒡切成薄片，更易熟且入味。加上一些薑絲增添風味。

●材料（1人份）

牛肉薄片（切7–8cm長）…100g
牛蒡（切3mm斜片，泡水後瀝乾）
…⅓根（50g）
薑（切絲）…1塊
A | 日式柴魚風味醬油（3倍濃縮）…1大匙
糖…½小匙

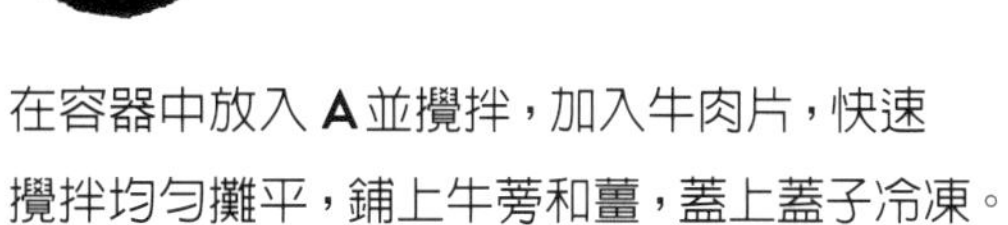

在容器中放入**A**並攪拌，加入牛肉片，快速攪拌均勻攤平，鋪上牛蒡和薑，蓋上蓋子冷凍。

取出後將蓋子斜放，放入微波爐中加熱5分鐘，用筷子攪拌肉和牛蒡至均勻即可。

韓式炒牛肉

這是一道有著甜鹹風味的蒜香炒牛肉食譜，搭配米飯相當美味。
建議將肉切成小塊並攪拌均勻，蔬菜也可以替換成胡蘿蔔和香菇。

●材料（1人份）

牛肉片（切7–8cm長）… 100g
洋蔥（切5mm絲）… ¼顆（50g）
韭菜（切5cm長）… ⅓把（30g）

A | 砂糖 … ½大匙
太白粉、蒜泥（搗碎）… 各¼小匙
白芝麻 … 1小匙
醬油 … 2小匙

在容器中加入 **A** 並攪拌均勻，加入牛肉片輕輕拌勻，鋪上洋蔥和韭菜，蓋上蓋子冷凍。

掀開蓋子，斜放在容器上，
放入微波爐中加熱5分鐘，
用筷子攪拌，直到充分混合均勻。

梅子照燒鰤魚

照燒梅子風味可以去除魚腥味，要做得鮮嫩多汁需要用足夠的醬汁，
也可用鯖魚或比目魚代換鰤魚。

●**材料（1人份）**

鰤魚片 … 1片（100g）
獅子唐椒（切出一個切口防止爆裂）
… 5根（20g）

A | 梅乾（去核，切碎）… ½顆（6g）
日式柴魚風味醬油（3倍濃縮）
… 1又½大匙
水 … 3大匙
糖、太白粉 … 各½小匙

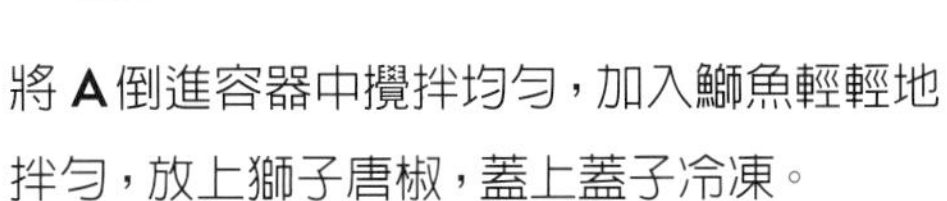

將**A**倒進容器中攪拌均勻，加入鰤魚輕輕地拌勻，放上獅子唐椒，蓋上蓋子冷凍。

取出並斜放蓋子，微波加熱5分鐘，
將醬汁混合均勻淋在鰤魚上。

味噌甜醬油燒鮭魚

這是北海道的鄉土料理，使用味噌和甜醬油來烹調鮭魚和蔬菜。
將鮭魚切成較大的塊狀更有口感。味噌奶油風味，非常適合搭配米飯享用。

●**材料（1人份）**

鮭魚片（對切）… 1片（100g）

高麗菜（切4-5cm的片狀）

… 2片（100g）

奶油 … 10g

A　味噌 … 1大匙

太白粉 … ¼小匙

糖、酒 … 各2小匙

在盒子中混合 A，加入鮭魚輕輕拌勻，
放入高麗菜和奶油，蓋上蓋子冷凍。

取出，將蓋子斜放，放入微波爐中加熱
6分鐘，攪拌直至醬汁變濃稠。

鮭魚番茄燉菜

這是一道使用鮭魚和蔬菜製作的簡單番茄燉菜，因此食材可以自由調整。加入雞肉、青花菜或蘑菇也很好。

●材料（1人份）

鮭魚片（切4等分）⋯ 1片（100g）
洋蔥（切薄片）⋯ ¼個（50g）
櫛瓜（切1cm半圓片）⋯ ⅓條（50g）

A
切塊番茄罐頭 ⋯ 150g ＊
鹽 ⋯ ⅓小匙
大蒜（搗碎）⋯ ½小匙
橄欖油 ⋯ 1小匙
胡椒粉 ⋯ 適量

＊剩下的可以冷凍保存

將 **A** 放入容器中混合，加入鮭魚拌均勻，再放上洋蔥和櫛瓜，加蓋後冷凍。

掀開蓋子，斜放在容器上，放入微波爐中加熱8分鐘，取出充分攪拌即可。

7 常備微波1人餐

配菜

芥末籽醃胡蘿蔔和鮪魚

胡蘿蔔要切成細絲，讓味道充分滲入。
芥末籽的酸味是重點，它會與鮪魚的豐富口感完美融合，讓人胃口大開。
這份食譜可以做出2人份，每人份2餐，剩下的可以裝入容器中冷藏保存。

容器 700㎖　加熱 4分

●材料(2人份)

胡蘿蔔絲(斜切片後切成絲)… 1根(180g)

鮪魚罐頭(瀝乾)… 1小罐(70g)

A | 橄欖油 … 1大匙
　| 鹽 … ¼小匙
　| 醋、芥末籽醬… 各2小匙
　| 胡椒 … 少許

在容器中混合 A,加入胡蘿蔔和鮪魚。

2 冷凍

蓋上蓋子,放入冷凍室保存。

3 以微波爐加熱

想吃的時候取出、斜放蓋子,放入微波爐中加熱4分鐘,然後快速攪拌混合。

中式涼拌青花菜

加入芝麻油和蒜頭在日式柴魚風味醬油中，可烹調出具有中式風味的料理。
加熱時請留意保持青花菜的口感。

●材料（2人份）

青花菜（分成小朵，可再縱向切半）
…½株（150g）

大蒜（切片）…½瓣

A｜日式柴魚風味醬油（3倍濃縮）
…1又½大匙
水、芝麻油…各½大匙

在容器中混合 A，加入青花菜和大蒜，
蓋上蓋子後冷凍。

掀開蓋子，斜放在容器上，放入微波爐中加熱
4分鐘，然後輕輕攪拌即可。

橄欖油拌青花菜和魩仔魚

將魩仔魚放在青花菜上，讓魩仔魚帶出風味和鹹味是重點。
用橄欖油增加濃郁度，以黑胡椒增添少許辛辣味。

●材料（2人份）

青花菜（分成小朵，可再縱切半）
…½顆（150g）
魩仔魚…3大匙（20g）

A
- 橄欖油…1大匙
- 鹽…¼小匙
- 粗磨黑胡椒…適量

將青花菜、魩仔魚、**A**按順序放入容器中，
蓋上蓋子，冷凍保存。

取出並斜放蓋子，在微波爐中加熱4分鐘，
快速拌勻即可。

豆芽炒油豆腐皮

靠著甜鹹可口的油豆腐皮豐富口感，清淡的豆芽也因此更加美味。
可以用櫻花蝦代替油豆腐皮，或者用小松菜等青菜代替豆芽，效果也不錯。

●材料（2人份）

豆芽…1袋（200g）
油豆腐皮（橫切半，再切1cm寬）
…½塊（25g）
A｜醬油…1大匙
｜糖…1小匙

將 **A** 加入容器中攪拌均勻，加入豆芽和油豆皮，蓋好冷凍。

怎麼吃

掀開蓋子，斜放在容器上，用微波爐加熱6分鐘，快速攪拌，可再撒上柴魚片（材料表外）。

無限青椒

利用鮪魚罐頭、雞高湯粉和芝麻油調製出美味的鹹味，讓人一直吃不膩。
可以大量享用青椒，也可以搭配培根、火腿等食材。

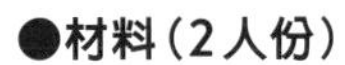
●材料（2人份）

青椒（切5mm絲）… 4個（120g）
鮪魚罐頭（瀝乾水分）… 1小罐（70g）

A | 鹽 … ⅙小匙
　| 雞高湯粉 … ½小匙
　| 芝麻油 … 2小匙
　| 粗磨黑胡椒 … 適量

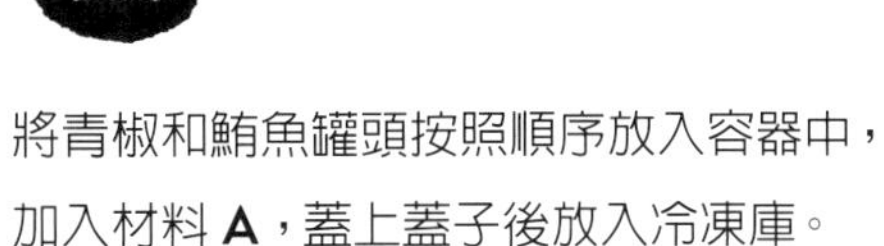
將青椒和鮪魚罐頭按照順序放入容器中，
加入材料 **A**，蓋上蓋子後放入冷凍庫。

取出後將蓋子斜放，放入微波爐加熱5分鐘，
然後迅速攪拌。

小松菜和鹽昆布的和風涼拌

鹽昆布的風味十足。小松菜加熱能去掉辛辣感，並保留其香氣，
加熱後要充分攪拌。也可以使用茼蒿或青江菜替換。

●材料（2人份）

小松菜（切5cm段）⋯1小把（200g）

A | 鹽昆布⋯2大匙（10g）
橄欖油⋯½大匙
芥末⋯½小匙
鹽⋯1小撮

將小松菜和 **A** 加入盒子中，蓋上蓋子冷凍。

取出後將蓋子斜放，微波6分鐘，並快速攪拌溶化芥末。

蒜香芝麻青江菜

帶著大蒜和芝麻香味的涼拌菜。青江菜的處理技巧是把莖沿著縱向切開，使其更具口感。改用豆芽、小松菜也很好吃。

●材料（2人份）

青江菜（切5cm段，莖縱向切8等分）
…2棵（200g）

A | 蒜泥（搗碎）…½小匙
磨碎的白芝麻、醬油、芝麻油
…各2小匙

將青江菜和 **A** 依次放入容器中，
蓋好蓋子，冷凍。

取出盒子，把蓋子斜放在上面，微波6分鐘，
並快速攪拌均勻。

春菊的胡椒起司涼拌

這是一道添加了濃郁風味的起司粉，並加入黑胡椒的西式涼拌。
因為起司容易結塊，所以要均勻地撒上。用高麗菜或白菜替換也可以。

●材料（2人份）

春菊（切5cm段）… 1把（約150g）

A
- 起司粉 … 1大匙
- 鹽 … ⅙小匙
- 橄欖油 … 2小匙
- 粗磨黑胡椒 … 少許

將春菊和A按順序放入容器中，
蓋好蓋子後冷凍。

怎麼吃 

取出容器，將蓋子斜放，放入微波爐加熱5分鐘，
快速攪拌均勻並撒上起司粉（材料表外）。

涼拌綜合菇

使用3種蕈菇滋味深邃。調味帶著酸味，加入大量的白芝麻，請確認味道充分融合。

●材料（2人份）

鴻喜菇（撕成小株）… 1包（100g）
舞菇（撕成小株）… 1包（100g）
生香菇（切1cm厚）… 3片（60g）

A | 磨碎的白芝麻、醋、醬油 … 各1大匙
麻油 … ½大匙
糖 … 1小匙

＊如果蕈菇的總重相同，使用1–2種也可以

在容器中將**A**混合均勻，加入3種蕈菇，蓋上蓋子冷凍。

取出後將蓋子斜放，放入微波爐中加熱7分鐘，迅速攪拌均勻。

涼拌金針菇與海苔

新鮮的金針菇混合了3倍濃縮的日式柴魚風味醬油，再加上醋和海苔的風味。建議加些切成細絲或刨成泥狀的生薑，可以使口感更清爽。

●材料（2人份）

金針菇（切3等分，撥散）
…2包（200g）

A
日式柴魚風味醬油（3倍濃縮）
…1又½大匙
醋…½大匙
海苔…1小匙

將金針菇和**A**按順序放入容器中，蓋上蓋子冷凍。

取出並斜放蓋子，在微波爐中加熱5分鐘，然後快速攪拌均勻。

杏鮑菇的芥末籽培根卷

培根的美味轉移至杏鮑菇，芥末籽醬帶出了酸味。
也可以用蘆筍、金針菇、四季豆來捲。

●材料（2人份／8個）

杏鮑菇（長度切半，再縱切半）
…2條（100g）*
培根（切半）…4片（60g）
芥末籽醬…1大匙

*如果杏鮑菇較粗，可縱向切成4等份

每片培根前⅔處塗上芥末籽醬，
然後放上杏鮑菇捲起來，捲完後接口朝下，
放入容器中冷凍。

取出後，將蓋子斜蓋在容器上，以微波爐加熱
4分鐘即可。

洋蔥和大豆的南蠻煮

南蠻醬汁浸透洋蔥，口感豐富！不只是大豆，也可以使用不易出水的胡蘿蔔或是切成薄片的蓮藕。若有小朋友，也可以不加紅辣椒。

●材料（2人份）

洋蔥（縱切8等分的角狀）
　…1個（200g）

水煮大豆（袋裝）…½袋（50g）

A
- 砂糖…1小匙
- 醋、醬油…各2小匙
- 水…1大匙
- 紅辣椒（切圈）…1條

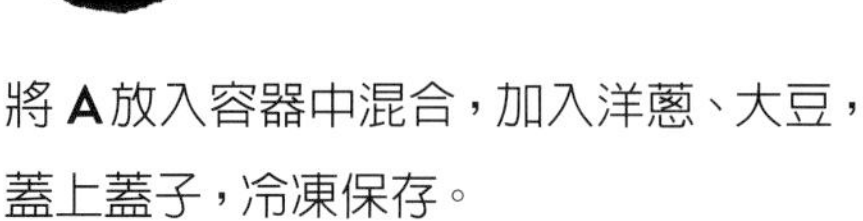

將**A**放入容器中混合，加入洋蔥、大豆，蓋上蓋子，冷凍保存。

取出後將蓋子斜放，用微波爐加熱8分鐘，輕輕攪拌。

咖哩炒山藥培根

辛辣的咖哩風味搭配山藥的香甜口感，是最美味的組合。
可以用馬鈴薯和熱狗替換，製成德國版的炒馬鈴薯。

●材料（2人份）

山藥（切1cm半圓片）… 200g
培根（切1cm寬）… 2片（30g）

A | 橄欖油 … ½大匙
| 鹽 … ¼小匙
| 咖哩粉 … ½小匙
| 胡椒 … 少許

把山藥和培根按順序放入容器中，
然後加入**A**，蓋好後冷凍。

取出容器，將蓋子斜放，用微波爐加熱6分鐘，快速攪拌均勻。

南瓜鹹甜煮

南瓜以皮的那一面朝下放入，避免過度吸收調味料。
調味料使用方便的日式柴魚風味醬油和糖，南瓜也可用番薯替換。

●材料（2人份）

南瓜（去籽、去囊，留皮切4×4cm）
　… 1/8顆（約200g）

A｜日式柴魚風味醬油（3倍濃縮）、水
　　… 各3大匙
　糖 … 2小匙

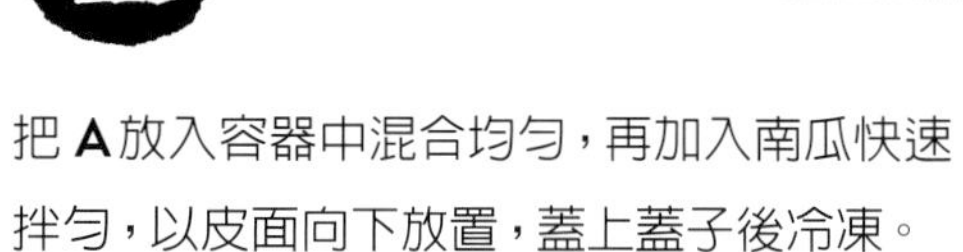

把**A**放入容器中混合均勻，再加入南瓜快速拌勻，以皮面向下放置，蓋上蓋子後冷凍。

取出容器，把蓋子斜放，放入微波爐中加熱7分鐘，然後攪拌均勻即可。

柚子胡椒炒蓮藕

這道炒蓮藕加入了清新的柚子胡椒風味，有著微辣的口感。
放了味醂後，口味變得更加濃郁。也可用胡蘿蔔或牛蒡取代蓮藕製作。

●材料（2人份）

蓮藕（切2–3mm寬的片狀，泡在水中沖洗後瀝乾）… 1小節（150g）

A | 味醂、麻油 … 各½大匙
柚子胡椒 … ¼小匙
鹽 … 適量

在容器中加入 **A** 混合均勻，加入蓮藕翻拌均勻，蓋上蓋子冷凍。

掀開蓋子，斜放在容器上，放入微波爐中加熱4分鐘，攪拌均勻即可。

常備微波1人餐

湯

蛤蜊與蔥的泡菜湯

將材料放進容器中，冷凍即可。加熱後輕輕攪拌，即可享用熱騰騰的湯。
使用帶湯汁的蛤蜊罐頭可增添美味，
再加入泡菜的辣味，是一道韓國風味的湯。

容器 700㎖　加熱 8分

●**材料(1人份)**

蛤蜊罐頭…½罐(約60g)

大蔥(斜切1cm)… ½根(50g)

白菜泡菜(切粗條)… 50g

水…1杯

雞高湯粉、醬油、麻油…各½小匙

把所有材料放入容器中(連蛤蜊的湯汁一起)。

2 冷凍

蓋上蓋子,放入冷凍室保存。

3 以微波爐加熱

食用前取出並斜放蓋子,放入微波爐中加熱8分鐘,然後輕輕攪拌。

蟹肉棒和豆苗的中式湯

蟹肉棒的鮮味和豆苗非常搭。使用蠔油和雞高湯粉，湯汁鮮美可口。
豆苗的色澤也非常漂亮。

●**材料（1人份）**

蟹肉棒（拆散）⋯5根（35g）
豆苗（切掉底部，長度對切）
⋯½袋（淨重50g）
水⋯1杯
蠔油⋯½大匙
雞高湯粉⋯½小匙

將所有材料放入容器中，蓋上蓋子冷凍。

取出後將蓋子斜放，放入微波爐中加熱7分鐘，
然後輕輕攪拌。

熱狗蕪菁湯

將食材切成大塊，非常有嚼感。
除了蕪菁，還可以用胡蘿蔔、青花菜、蓮藕或是杏鮑菇來製作。

●材料（1人份）

熱狗（斜切4刀）… 3條（60g）
蕪菁（切6等分）… 1個（80g）
蕪菁葉（切4cm寬）… 1個（40g）
水 … 1杯
雞湯塊 … ¼塊
鹽 … 少許
胡椒粉 … 少許

將所有食材放入容器中，加蓋冷凍。

取出後將蓋子斜放，用微波爐加熱9分鐘，
然後快速攪拌，撒上粗磨的黑胡椒（材料表外）。

鯖魚牛蒡味噌湯

使用含湯汁的鯖魚罐頭，不需高湯也能很美味。
薑讓鯖魚的風味更加溫和，也可以使用白蘿蔔、紅蘿蔔或蓮藕代替牛蒡。

●材料（1人份）

鯖魚罐頭（含湯汁）⋯ ½罐（100g）
牛蒡（斜切2-3mm薄片，浸泡在水中
　後瀝乾）⋯ ⅓條（50g）
A｜薑（磨泥）⋯ ½小匙
　｜味噌 ⋯ 2小匙
　｜水 ⋯ 1杯

將A拌勻，加入鯖魚輕輕分成小塊，
放上牛蒡，蓋上蓋子後冷凍。

取出後將蓋子斜放，用微波爐加熱7分鐘後
輕輕攪拌，撒上切碎的青蔥（材料表外）即可。

義大利蔬菜湯

如果有罐裝番茄，就可以很快完成這道濃郁的湯。
大豆的風味和口感成為亮點。蔬菜也可以使用甜椒、櫛瓜等。

●材料（1人份）

高麗菜（切2-3cm的片狀）… 1片（50g）
水煮大豆（袋裝）… ½袋（50g）
培根（切1cm寬）… 2片（30g）
切塊番茄罐頭 … ¼罐（100g）*
水 … ½杯
高湯塊 … ¼個
鹽 … 適量
胡椒粉 … 少許

*剩下的可以冷凍保存

把所有材料放進容器中，蓋上蓋子，冷凍。

怎麼吃 

取出容器，將蓋子斜放，放進微波爐中加熱9分鐘，然後輕輕攪拌，撒上切碎的巴西利（材料表外）。

容器 700ml　加熱 9分

雞肉青花菜的咖哩湯

將雞肉切成較大塊增加份量，再加上帶有咖哩風味的美味高湯，
令人垂涎欲滴。此食譜的青花菜也可以換成蘑菇或秋葵。

●材料（1人份）

雞腿肉（帶皮，切4cm塊）
…1/3片（100g）
青花菜（切小朵，再縱切4等份）
…1/6株（50g）
水…1杯
高湯塊…1/4個
咖哩粉…1/2小匙
鹽…少許
胡椒粉…少許

將所有材料放進容器中，蓋上蓋子後冷凍。

取出後，將蓋子斜放，放進微波爐中加熱
9分鐘，然後快速攪拌即可。

酸辣湯

以柚子醋和辣椒油，打造正宗的酸辣湯風味。加入豐富的韭菜，營養十足。也可以用豬肉塊、豬絞肉或是香菇來製作，同樣美味。

●材料（1人份）

豬五花薄片（切5cm寬）… 80g
韭菜（切5cm寬）… ½束（50g）
水 … 1杯
柚子醋醬油 … 1大匙＊
雞高湯粉 … ½小匙
辣椒油 … 少許

＊ 將1大匙的柚子醋和略少於1大匙的醬油混合即可

將所有材料放進容器中（豬肉片要攤開），蓋上蓋子後冷凍。

取出後將蓋子斜放，用微波爐加熱8分鐘，用筷子一邊拌開豬肉片，一邊攪拌均勻，再淋上辣油（材料表外）。

系列名稱／Joy Cooking

書名／常備微波1人餐100道

作者／新谷友里江

出版者／出版菊文化事業有限公司

發行人／趙天德

總編輯／車東蔚

文 編・校 對／編輯部

美編／R.C. Work Shop

地址／台北市雨聲街77號1樓

TEL／（02）2838-7996

FAX／（02）2836-0028

初版日期／2023年6月

定價／新台幣 400元

ISBN／9789866210938

書號／J157

讀者專線／（02）2836-0069

www.ecook.com.tw

E-mail／service@ecook.com.tw

劃撥帳號／19260956大境文化事業有限公司

國家圖書館出版品預行編目資料

常備微波1人餐100道

新谷友里江 著；初版；臺北市

出版菊文化，2023［112］ 128面；

19×26公 （Joy Cooking；J157）

ISBN／9789866210938

1.CST：食譜

427.1　　　112007129

藝術指導・設計／小林沙織
攝影／木村 拓（東京料理写真）
造型／深川あさり
烹飪助理／梅田莉奈、今牧美幸、小柳まどか
採訪／中山み登り
編輯／足立昭子

請連結至以下表單填寫讀者回函，將不定期的收到優惠通知。